結局、世界は「石油」で動いている

佐々木良昭

青春新書
INTELLIGENCE

はじめに——石油に「動かされている」日本

石油のほぼ100%を輸入に頼る日本は、その価格の動向に一喜一憂させられる。原油安にともなってガソリン代が安くなれば、休日のドライブで「ちょっと遠出しようか」という気分にもなってくるし、逆に、世界に原油高の嵐が吹きすさべば、それに引きずられるようにして魚の値段も野菜の値段も上昇する。

原油価格の動向に振り回されるのは、もちろん日本だけではない。

2014年後半から2015年初頭にかけて世界を揺るがした急激な原油安は、原油収入を国家財政の柱としているロシア経済に大きなダメージを与え、同国国債を「投機的水準」にまで引き下げさせた。その結果、一時期、反プーチン派を勇気づけもした。

同じくベネズエラではデフォルト（債務不履行）の危機が叫ばれ、同国のマドゥロ大統領は中国に助けを求めた。このように、石油というのは一国の体制をも揺るがしかねない不可思議で特殊な存在なのである。

では、その価格は誰が操っているのか？

ひと頃のように「石油メジャー」と呼ばれる欧米の大資本が価格決定をしているわけではないし、産油国で構成されるＯＰＥＣ（石油輸出国機構）がキャスティングボートを握っていたのはオイルショック前後までのこと。

現在では原油先物市場をはじめとした金融市場における「投機マネー」の跋扈《ばっこ》が大きな影響力を持っている。そして、その投機マネーは、中東の産油国がひしめくペルシャ湾岸の地政学リスクをはじめとする国際情勢の動きにとても敏感だ。

そのため、石油はいまや大国にとっての戦略物資となっている。生活に不可欠なエネルギー資源であることには違いないが、投機の対象となって金融市場を翻弄するし、大国同士の駆け引きの切り札にもなっているということだ。

シリアとイラクで起きているＩＳ（イスラム国）と西側有志連合の戦いの主たる原因は石油にあるし、ロシア・ウクライナ問題もそのベースにあるのは天然ガス（天然ガスと石油は、地下において気体で存在しているか液体で存在しているかの違い）をめぐる争いだ。

日本人が犠牲になったアルジェリアやチュニジアのテロも、単なるイスラム原理主義の問題として片づけられるものではなく、その根底には石油の支配をめぐる国際的な闘争が展開されているという事実に気づくべきだろう。

このように、世界で起きている各種の紛争やテロ事件の背景も、「石油」というフィルターを通して俯瞰《ふかん》すると、疑問点がストンと腑に落ちるのだ。

結局、世界は「石油」を中心に動いているのである。

目次

目次

第2章

石油は「あと30年で枯渇する」のではなかったのか

◆大きく変わったエネルギー常識と新・世界地図

第4章 石油をめぐる「一筋縄ではいかない」世界図式

◆イギリスの策略、産油国の対立、アメリカとキューバの急接近…

第5章 石油争奪戦の裏側で
——日本を導いている「一本の線」

編集協力／江本正記
図版作成・本文ＤＴＰ／エヌケイクルー

※本文中、１ドル＝１２０円で換算しています

第1章

イスラム過激派の台頭、世界同時株安…元をたどれば「石油」だった！

◆ニュースでは伝えない、「いまなお」世界を動かしている深層

IS（イスラム国）台頭の裏に「石油」あり

石油の価格（原油価格）には、それがどこで生産されるかによって三つの指標がある。まずは米国テキサス州西部とニューメキシコ州南東部で生産される原油の価格で、これはWTI（ウエスト・テキサス・インターミディエイト）と呼ばれ、ニューヨーク・マーカンタイル取引所で取引されるWTI原油先物が指標になっている。一般的に「原油価格」といえばこのWTIを指していて、それが世界の原油価格を左右する指標と考えていいだろう。

ちなみに残りの二つは、イギリス沖の北海で生産されるブレント原油と、ドバイ原油の価格だ。

WTI原油先物は2011年春先以来、おおむね1バレル（約159リットル）100ドル（約1万2000円）前後で推移していたが、2014年7月末に100ドルを割り込むと一気に急降下し、2015年3月18日には1バレル42ドル03セントまで下落。わずか半年間で半値以下にまで暴落してしまったのである。以降は、ご存じのようにほぼ安値

（図表１）急落した原油価格の真相は……

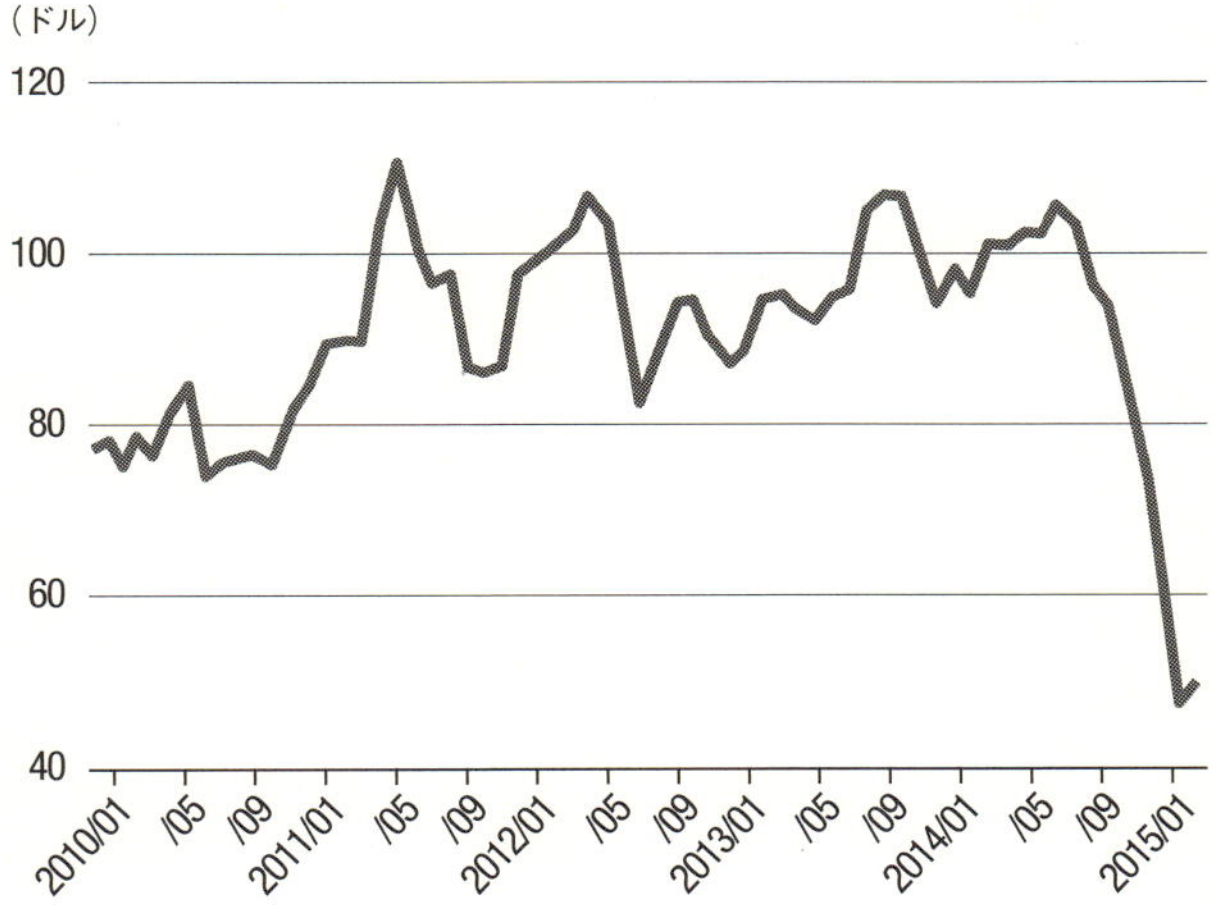

安定が続いている。

原油価格暴落はさまざまな分野に激震をもたらし、連日メディアを騒がせたが、いまイラク・シリアで跳梁《ちょうりょう》跋扈しているＩＳにも少なからぬダメージを与えた。

ＩＳは、アメリカＣＩＡの発表によると２万人～３万人の戦闘員を抱えているとされている。

私が入手した情報によると、彼ら１人につき５００ドル（約６万円）の月給、妻には毎月１００ドルが支払われているそうだ。しかも戦死した戦闘員には一定額の弔《とむら》い金が支払われるのだという。

そのほかにも大量の武器弾薬の購入資金が必要だし、戦闘員リクルートのために欠かせ

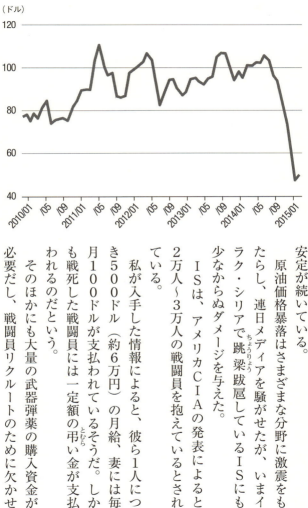

ない宣伝・広報活動にも多額の費用を注ぎ込んでいる。

では、彼らは、それらの活動資金をどこから得ているのか?

まずはISを支持する裕福なイスラム教徒たちからの寄付だ。

イスラムの聖典である「コーラン」には、「ジハード(聖戦)のためには体を張りなさい。自分で体を張れない場合は資金的に、あるいはモノでジハードを支えなさい。それもできない場合は祈りで彼らを支えなさい」という意味合いの教えがある。湾岸の富豪たちは、ISの戦闘員が自分たちに代わってジハード(聖戦)を戦ってくれているという大義のもと、莫大な金額の寄付をするのである。

また、ISが台頭してきた当初は、サウジアラビアやカタールなどが国家レベルで資金援助しているのではないか、という情報も流れたが、少なくともいまはそれはないようだ。

そのほかの資金源としては銀行からの略奪や女奴隷の売買、身代金の収奪、臓器売買などが明るみに出ているが、なんといっても額が大きいのが「石油の密売」だ。

シリア北部とイラク北部の油田を押さえ、そこで生産された原油および精製された石油を市場価格より安く密売し、一説によると1カ月100万ドル(約1億2000万円)の収入があるといわれていた。

油田への空爆などで、最近ではその半分から３分の１以下に減っているという見方もあるが、いずれにせよ、ＩＳ台頭の裏には「石油」が存在しているのである。

その石油を「誰が」買っているのか

では、ＩＳの石油を誰が買っているのだろうか？

その前に、ＩＳの石油が流通するルートを簡単に紹介しておこう。

シリア北部やイラク北部で採掘されたＩＳの石油は、国境を越えていったんはトルコ国内に運び込まれる。一部はポリ容器に入れてロバの背中で国境越えをしているようだが、大半はタンクローリー車で堂々とトルコ国内に運び込まれている。

トルコ政府がその気になればいつでも取り締まれるはずだが、彼らはこの密輸をなぜか黙認している。理由はクルド対策だ。

トルコのエルドアン政権は隣国シリアのアサド政権と、アサド政権と手を組むクルド人勢力と敵対関係にある。というのも、トルコ国内には現在約２０００万人（トルコ人口の１／３～１／４）あまりのクルド人が居住していて、クルド労働党を中心にトルコ政府から分離独立を目指す武力闘争を長年にわたって繰り広げているからである。

アサド政権打倒を目指すＩＳは当然、政権と手を組むクルド人にも攻撃を加えているわけで、となれば、トルコ政府としてはＩＳをサポートしたくなるという構図だ。

その点に関しては、トルコ政府は次のようなコメントを発表している。

「ＩＳはイラクのクルド人にも石油を売っています。一方、イラクのクルド人居住区にも石油は出るわけですから、我々にはそれがＩＳの石油なのかクルドの石油なのかの区別がつきません」

要は、石油には産地名が記されているわけではないから、それが密売されたものかどうかはあずかり知らない、という苦しい弁明だ。

こうしたＩＳの石油を扱っているのは、主にトルコ人の密輸業者、すなわちマフィアである。トルコという国は石油に賦課《ふか》される関税が非常に高いため、石油価格が世界的に見ても高価な国の一つとして知られている。日本の1・5倍から2倍の価格で販売されていた時代もあったほどだ。

国民としては、原油から作られるガソリンにしても重油にしても灯油にしても、少しでも安いものを求めるわけで、トルコには、その需要に応えるように近隣国のイランやイラクといった産油国から石油を密輸入するというルートが古くから存在していた。ISの石油はどうやらその密輸ルートに乗って流通しているようなのである。

一説によると、密輸業者はISの足元を見て、安く買い叩き、60％もの利益を乗せているのだという。それでも、トルコ国内の通常の石油価格の4分の1程度。1バレル100ドルであれば、25ドルで販売されているわけだ。トルコ政府の弁明ではないが、「これはISの石油である」という名札がつけられているわけではないから、市場価格の4分の1という石油は飛ぶように売れる。

トルコ国内でも売れるし、東ヨーロッパでも売れる。一時期、「イスラエルがISの石油を購入している」という情報が飛び交ったこともある。

元はアメリカが生んだ「鬼っ子」だった

このISという戦闘集団は、もともとはアメリカの代理戦争を戦った組織に端を発している、ということをご存じだろうか。

シルベスター・スタローン主演の『ランボー3　怒りのアフガン』（1988年）という

映画をご覧になった方ならおわかりだと思うが、あの映画は当時のソ連のアフガニスタン侵攻（1979年〜88年）が舞台となっている。

ソ連のアフガニスタン侵攻とは、当時、国境を接していたアフガニスタンに親ソ政権を樹立しようと軍事侵攻した紛争だ。

しかし、その裏にはアフガニスタンが鉱物資源の豊富な国であり、ソ連が欲しがる不凍港（パキスタン西南部の港町グワダール）への通路でもあったことが大きかった。加えてアラビア海を通る西側の艦船やタンカーをチェックできる場所へも通じるという、地政学的な思惑もあったといわれている。

そのアフガニスタンのゲリラがランボーと協力し、ソ連軍の捕虜となっているランボーの元上司である軍人の救出に向かうという設定だったが、あのゲリラのモデルとなったのがイスラム過激派組織の一つ、タリバンである。現実にアメリカは、ソ連対策として、タリバンに相当額の武器および資金援助を行っている。

しかしタリバンだけでは足りなくて、アラブ全域からムジャーヒディーン（義勇兵＝聖戦の兵士）を募った。映画でいえば、ラスト近くで乗馬した武装兵たちがランボーの救出のために登場するシーンが描かれているが、あの集団のモデルになったのがムジャーヒディーンだ。

アメリカはムジャーヒディーンを前面に押し出す形でソ連軍と戦い、結果的にはアフガニスタンからソ連軍の追い出しに成功。つまり、ムジャーヒディーンが代理戦争を戦ったことにより、アメリカは対ソ戦で勝利を収めたのである。

なぜ彼らは過激化していったのか

彼らはやがてアフガニスタンから撤退し、それぞれの母国に引き揚げていくわけだが、そこで待っていたのは厳しい現実だった。

アメリカの代理戦争を戦い、同じイスラム国家であるアフガニスタンからソ連を追い払ったわけだから、当然「英雄として迎えられるだろう」という期待感を抱いていた。ところが母国で待ち受けていたのは、「危険分子だ！」というレッテルを貼られ、逮捕・投獄されるという予期せぬ事態だった。

アラブ諸国の中でも、サウジアラビアやエジプトがアフガニスタンに送り出した義勇兵たちは、国内では危険分子と見なされており、政府は本音では戦死してくれることを望んでいたのであろうから、帰国時には警戒されたのだ。

そのため、彼らは権力に対して牙をむくことになる。こうして誕生したのがビン・ラーディンが組織した「アルカーイダ」というイスラム過激派集団で、イラクにもイエメンにもアルカーイダは誕生した。

その中の一つで、イラクで生まれたアルカーイダがＩＳの前身だ。

つまり、ＩＳという戦闘集団は、もともとはアフガニスタン内乱の際にアメリカの呼びかけに応じてアラブ各地から参集したムジャーヒディーンが母体となっているのである。

前述のように、湾岸の富豪たちが個人的に、あるいは噂では国家ぐるみで「彼らはジハードを戦っている」として資金供与したため、ＩＳの活動が活発化した。彼らは宣伝・広報の技術に長《た》けているため、とにかく目立つ。目立つ組織には各地から戦闘員が集まってくるし、寄付金の額も膨らんでくる。やがて、ＩＳ人気は本家・アルカーイダを凌ぐほどになり、そこから暴走が始まった。

捕虜をズラリとひざまずかせて全員を銃殺、あるいはオレンジ色の囚人服を着せて斬首し、その模様を映像として流して見せる。こうなると、国際的な悪評が立ち、彼らに国際世論の矛先《ほこさき》が向かった。そして本家アルカーイダからも絶縁され、彼らが独走し始めるのである。

そこで、さすがのアメリカも、湾岸諸国に対して、「おまえら、ＩＳの援助をするのはほどほどにしておけよ」と圧力をかけ始めたといわれる。国際世論を気にして、自分たちの代理戦争を戦った、いわば「鬼っ子」を攻撃せざるを得なくなったわけだ。ただし、改めて後述するように、アメリカはまだまだＩＳには利用価値があると見なしているフシがあり、どこまで本気で彼らを殲滅《せんめつ》しようとしているかははなはだ疑問ではある。

湾岸諸国に話を戻そう。どの国もアメリカの軍事的な後ろ盾のもと、国家体制を維持しているというのが現実だから、「ほどほどにしておけよ」というアメリカの圧力には従わざるを得ない。

その結果、ＩＳへの資金供給のパイプは細ることになった。ところが、その頃にはイラク北部やシリア北部の油田を押さえ、ＩＳは石油の密売で独自に活動できる資金力を備えていたのである。

しかし、ここにきて急激な原油安という、ＩＳにとっては想定外の現象に見舞われてしまった。

原油安がイスラム過激派をかえって活発化させる？

原油価格が1バレル100ドルの頃なら、市価の4分の1程度というISの石油は買い手にしてみれば確かに魅力的な商品だったため、多少のリスクを冒してでも欲しがる相手はそこここにいたはずだ。

ところが原油価格が半値以下に暴落してしまうと、買い手側はあえてリスクのある横流し商品に手を出す必要性はなくなるわけで、ISの密売ルートは縮小されてきている。

加えて、アメリカをはじめとした有志連合によって、その資金源である油田に空爆が加えられているため、かつては「史上最も裕福なテロ集団」と形容されたISの台所事情はさすがに苦しい。2015年の1月の日本人人質事件では膨大な額の身代金が要求されたが、これは原油安が影響したという見方もある。

では、原油安に引きずられるようにして、ISはこのまま弱体化していくのだろうか？

アラブの産油国は完全な格差社会である。富裕層は緑豊かな広壮な邸宅に住み、カーポートには数十台もの高級車が並んでいる。海外に遊びに行くとなれば、一族郎党を引き連れて自家用ジェットで出向き、５つ星ホテルの部屋をフロア単位で借り切る。料理は、専属料理人がホテルの厨房を使って「ハラール食（イスラム教徒が食べてもよいとされている食べ物）」を調理する。

その一方で、食うや食わずの生活をしている庶民が少なくないし、大学を出ても定職がない若者も少なくない。

たとえば２０１１年に起きた「アラブの春」と呼ばれた革命劇。その発火点となったのは地中海に面した小国チュニジアだったが、引き金を引いたのは、一人の若者の焼身自殺だった。

青空市場で無許可の野菜売りをしていたムハンマド・ボアジジという青年が、女性警察官にとがめられ、売り物の野菜を蹴飛ばされてしまったのである。

それに抗議したムハンマド青年が焼身自殺を遂げ、その映像がモバイルを通じて、チュニジア全土に流れることによって革命の火の手が広がっていったわけだが、このムハンマド青年は「大学を出たものの仕事がない」という、いわばフリーターだった。

そして、彼のような大学出のフリーターはアラブ各国にあふれているのである（アラブ諸国の青年層の失業率は25～35％といわれている）。

彼らは社会に対して鬱屈《うっくつ》した不満を抱いている。産油諸国の政府は、病院や学校を無料にし、住居や水、食品の一部に補助金を出すといった「高福祉政策（ばらまき財政）」によって不満を抑え込んできたわけだが、原油安によって国家財政の柱である原油収入が減少すると、歳出を大幅にカットし、増税に踏み切らざるを得なくなる。

イスラム教の聖地・メッカを抱え、世界の原油埋蔵量の6分の1を握るとされるサウジアラビアを例にとれば、2014年末に発表した新年度予算では、4年ぶりの赤字予算となっているが、これも、原油収入の減少見通しを受けたものだ。

原油安によって歳出が大幅にカットされれば、当然、民衆の不満が高まる。とくに若者たちのあいだに不満が鬱積し、はけ口を求めてその一部がＩＳをはじめとしたイスラム過激派組織に流れる可能性が大きい。過激派組織で軍事訓練を受けた若者たちが母国に戻りテロや革命を企てる危険性もある。

つまり、原油安はＩＳの弱体化につながるという予測がある一方で、その活動をむしろ活発化させるという見方もあるということだ。

2014年後半からの原油価格暴落の真の原因は

今回の原油価格暴落の原因については、さまざまな情報が飛び交っている。

曰《いわ》く「ISの弱体化を狙ったもの」、あるいは「アメリカとサウジアラビアのロシア潰し」「同じくアメリカとサウジアラビアによるイラン制裁」、さらには「OPECに圧力をかけるため」「サウジアラビアによるシェール革命の鎮圧」などなど。根拠の定かでない裏情報や陰謀論も相まっていろいろな見方がマスコミを賑わせているが、真相はどのあたりにあるのだろうか？

まずは、「サウジアラビアによるシェール革命の鎮圧」という説に着目してみたい。

私たち日本人は「原油といえば中東」のイメージが強く、実際、日本は石油や天然ガスをはじめとした化石燃料の9割近くをサウジアラビアなど中東に依存している。

しかし、意外に思われる方もいるかもしれないが、いまや世界一の産油国はアメリカなのである。そして、ロシア、サウジアラビアがトップ3だ。

もっとも、近年まではアメリカの生産量は、サウジアラビアやロシアに次ぐ第3位というのが定位置だった。それが突然、首位の座に躍り出たのは「シェールオイル」の影響によるものだ。

詳しくは後述するが、2000年代半ばにアメリカは、これまで取り出すことができなかった頁岩層《けつがんそう》に閉じ込められたオイル（シェールオイル）を掘削する技術を開発したことで、石油産出量を飛躍的に増加させたのである。

2014年5月、国際エネルギー機関（IEA）が、「拡大するアメリカのシェールオイル生産によって、今後5年の世界の石油需要増加分をほとんどまかなうことができる」との予測を発表したほどだ。

アメリカの石油大増産は「シェール革命」とも呼ばれ、とくにその産地であるアメリカ中西部では新興企業の参入と大量の雇用を生み出し、その現象は「シェール・バブル」とも形容された。

シェールオイルの増産によって供給量が増えると、需要と供給の法則により原油価格は下落する。そんなとき、従来であればサウジアラビアを中心とした産油国12カ国でつくるOPEC（石油輸出国機構）が生産調整によって減産を図り、価格の下落に歯止めをかけるというのが通常の図式だった。原油価格の下落が産油国の国家財政を弱体化させるため、減産により値下がりを阻止したわけだ。つまり、原油価格はＯＰＥＣというカルテルによって一定ラインが保持されてきたのである。

ところが、２０１４年11月にウィーンで開かれたＯＰＥＣの総会で、サウジアラビアの主導によって「減産の見送り」が決定された。具体的には同国のヌアイミ石油鉱物資源相が、「減産はＯＰＥＣ加盟国の利益にならない。１バレル20ドルに下落しても関係ない」と発言したのである。そのため減産を主張した加盟国の代表たちも、「ＯＰＥＣのリーダーの発言だから、納得はしないが、従うしかなかった」と述べたとされている。

ＯＰＥＣによる減産の見送りは各種メディアを通じて世界に発信された。その論調は総じて「ＯＰＥＣ総会で、サウジの石油相がアメリカのシェールオイルに価格戦争を宣言！」というエキセントリックなものだった。

ただし、その多くは「関係者の取材によると」という前提付き。つまり、「サウジがアメリカのシェール革命に戦いを挑んだ」というメディアサイドの憶測が加味されていたわけだ。これが「サウジアラビアによるシェール革命の鎮圧」という説の論拠である。

しかし、サウジアラビアが置かれた状況を地政学的に冷静に見たときに、サウジアラビアがアメリカに真っ向から喧嘩を売るような価格戦争を仕向けるとは、到底思えないのだ。

中東最大の産油国サウジアラビアが抱える「四方向の敵」

その根拠を示そう。

2015年1月23日に死去したアブドラ国王に代わってサルマン新国王が王位を継承したサウジアラビアはいま、四方向の敵から攻撃を受けようとしている。

まずはイランだ。

ご存じのようにイランは、イスラム教の二大宗派の一つであるシーア派の総本山である。昔から二大宗派のもう一つであり、多数派でもあるスンニ派とは対立関係にあり、スンニ派の総本山であるサウジアラビアとはことごとく衝突してきた。

そのイランの核兵器開発がいよいよ現実のものとなったいま、ペルシャ湾を挟んで隣り合うサウジアラビアが感じている脅威は、想像に難くないだろう。

同じく全国民の3分の2をシーア派が占めるイラクとの関係も好ましくない。

さらに、ISの脅威もある。

（図表２）スンニ派とシーア派はどう違うのか

スンニ派	シーア派
預言者ムハンマドの後継者＝カリフは、ムハンマドの血統にこだわらず、話し合いによって選ばれた者がなるべきと考える派	カリフは、ムハンマドの血を引く子孫がなるべきだと考える派

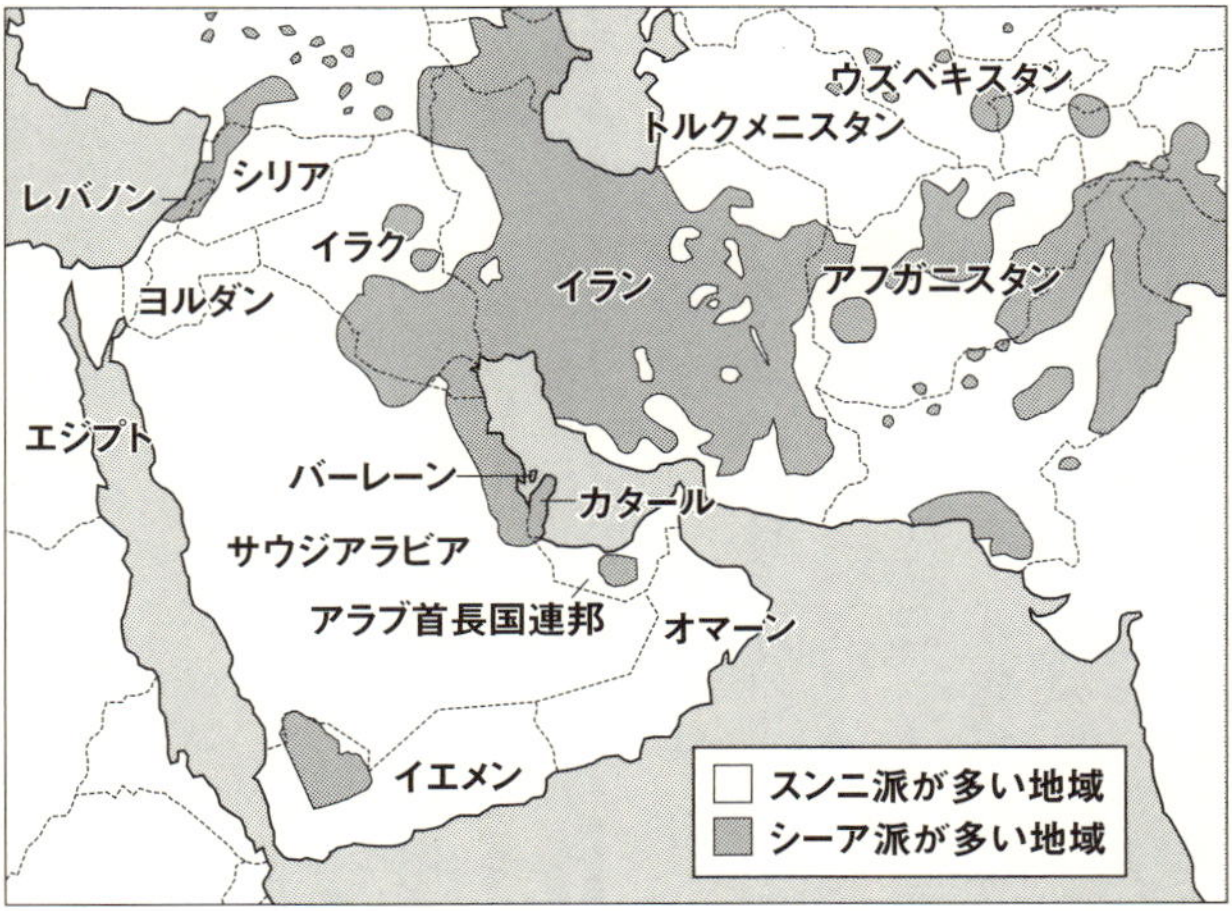

スンニ派が多数派の国

サウジアラビア
アラブ首長国連邦
オマーン
ヨルダン
エジプト
チュニジア
リビア
アルジェリア
モロッコ
パキスタン
インドネシア
マレーシア……など

スンニ派が多数派だが、シーア派も多い国

シリア
イエメン
クウェート

シーア派が多数派の国

イラン
イラク
レバノン

シーア派が多数派だが、スンニ派が政権を握っている国

バーレーン

ＩＳのメンバーや残党が「サウジアラビアの体制を打倒する」として、イラクから続々とサウジアラビアへの密入国を図るという現実に直面しているのだ。

サウジアラビア出身のＩＳのメンバーにも、「サウジに帰って革命を起こす」という動きがある。国王家であるサウド家による権力と富の独占支配や、王族の腐敗、表現や行動などさまざまな自由が制限された体制に不満が募っているからだ。

加えて、サウジアラビアの西南端に位置するイエメンという国家にきな臭い動きが見られる。

アラビア半島にある共和制国家であるイエメンでは、イランの支援を受けたシーア派の「ホーシーグループ」という有力部族が内乱を起こし、勢いに乗って国政の舞台にも登場している。このホーシーグループの動きいかんによっては、サウジアラビアは西南方向からの攻撃にも神経を尖らさざるを得なくなる。

このように、イラン、イラク、ＩＳ、そしてイエメンという四つの方向から矢を放たれようとしているサウジアラビアが、最後によりどころとする国家はどこか？

改めていうまでもなく、アメリカである。

サウジアラビアはたしかに石油大国ではあるが、その軍隊はといえば「張り子の虎」と揶揄《やゆ》されるほど心もとない存在である。四方向から攻撃を受けるという危険性があるいま、最後の頼みの綱はアメリカの軍事力であり、そのアメリカに対して価格戦争など挑めるとは思えないのだ。

アメリカとサウジにとっての共通の敵とは

原油価格暴落の原因の一つに、「ＯＰＥＣ加盟国への圧力」という見方がある。また、「ＯＰＥＣ内のシェア争いをめぐるイラン、イラク叩き」という指摘もあった。原油価格が低迷すれば、加盟国の中でも財政的な余力がない国は苦しい状況に追い込まれることになるからだ。

ＯＰＥＣという組織は、１９６０年にサウジアラビア、イラン、イラク、クウェート、ベネズエラの５カ国によって作られた。その後、アラブ首長国連邦やカタール、リビアなどが加わり計12カ国で構成されるようになったが、もともとの設立趣旨は、「石油メジャーと呼ばれる欧米の巨大企業が決めていた原油価格の決定権を、彼らから奪い取ろうではないか」

ということで、中東の産油国を中心として組織された石油カルテルである。

前述したように、原油価格が下落すると生産調整により減産を図ることによって価格を維持してきたわけだが、実際にＯＰＥＣが原油価格を決定していたのは１９７０年代の第一次、および第二次のオイルショックの頃までの話だ。とくに第一次オイルショックのときは、日本ではトイレットペーパーの買い占め騒動が起きてパニック状態となったものだが、あの頃はたしかにＯＰＥＣの影響力が大きかった。

しかし、その後は需要と供給の法則だけでなく、石油を多く生産する湾岸地域の「地政学リスク」、そして「金融市場の動向」が原油価格に大きな影響を与えることが多く、ＯＰＥＣはかつてほど原油価格に大きな影響力を及ぼすことができなくなった。つまり、周囲から圧力をかけることが必要なほど強力な存在ではなくなったということで、「ＯＰＥＣ加盟国への圧力」説の根拠はかぎりなく弱いといっていいだろう。

「ＩＳの弱体化」説も、結果的にそうなったというほどの話であり、ＩＳがメインターゲットであったとは考えられない。

では、今回の原油価格暴落の真相は何なのか？

その背景にあるのは、ロシアのプーチン大統領が「アメリカとサウジアラビアが共謀して原油価格を押し下げている可能性がある」と名指しで批判した通り、アメリカによるロシア潰しであり、その策略にサウジアラビアが加担したと見るのが、状況的に正鵠《せいこく》を射ているると思われる。

「シェールガス」と「天然ガス」をめぐる暗闘

東西冷戦時代ならいざ知らず、ここにきて、どうしてアメリカはロシア潰しを画策しなければならないのだろうか？

これはまさに地政学的な理由によるものである。

まずはウクライナ問題が挙げられよう。

この国にはもともと、

「ウクライナ人の国からロシアを追い出せ！」

「ロシア系ウクライナ人を追い出せ！」

という民族主義的な動きがあり、アメリカはそこに付け込んだわけだが、アメリカが西欧諸国を巻き込んでこの国に手を出すのは、やはり石油・ガスという天然資源が大きく関与している。

ロシアの国家歳入の半分以上は石油および天然ガスによる収入だとされているが、天然ガスに関しては、その80％近くがウクライナを通過してヨーロッパに輸出されている。つまり、ヨーロッパへの天然ガス供給ルートとして、ウクライナは要衝の地であり、とても手放すことなどできない。

一方のアメリカとしては、「シェール革命」の一環として生産されるシェールガスをヨーロッパに売り込みたい。となれば、ヨーロッパに輸出されているロシアの天然ガスが邪魔なのである。

中東問題に関しても、アメリカにしてみればロシアは何かと目障りな存在である。いま、ISが拠点としているシリアに関していえば、アメリカはアサド政権の打倒を目指し、自由シリア軍をはじめとした反体制派を支援している。

一方のロシアは、アサド政権に対して積極的に武器弾薬を提供している。つまりは、シリアのアサド政権vs反体制派の戦いは、アメリカvsロシアという大国同士の代理戦争の様相を呈しているのである。

そこにサウジアラビアとイランという中東の大国の思惑もからんでくる。

前述したように、サウジアラビアはスンニ派の盟主であり、一方のイランはシーア派の盟主の座にあるため、ことごとく対立している。そのイランはシリアのアサド政権とは協力関係にあるし、サウジアラビアはアメリカの友好国だ。その結果、必然的にアメリカ&サウジアラビアvsロシア&イランという対立の構図が生まれた。

アメリカのケリー国務長官は2014年9月、IS対策の名目でサウジアラビアを訪問しているが、実はその席で、原油価格の引き下げを要請したとされている。

ロシアはその国家歳入の半分以上を石油・ガスという天然資源に依存していることは前述したが、同じく国家収入の多くを石油資源に依存しているイランにとって、原油価格の下落は大きなダメージとなる。ただでさえウクライナ問題と核開発問題で欧米から経済制裁を受けているロシアとイランの経済をさらに弱体化させるため、アメリカとサウジアラビアが協調して、原油価格を押し下げたと考えられるわけだ。

もっとも、原油価格の暴落によってサウジアラビア自身も大きなダメージを受ける。しかし、この国には長年にわたって積み上げてきた7500億ドルともいわれる外貨準備があり、原油安が続いたとしても当分は耐えられるだけの財政余力がある。

このことから、今回の原油価格暴落は、アメリカにとっては、ロシア潰し。サウジにしてみれば、原油安によってイランの財政余力を奪ってしまおうという思惑があったと見るのが最も真実に近いといえるだろう。

三重苦にあえぐロシア経済

アメリカはウクライナ問題をめぐり、ロシアに対して、まずは経済制裁を加えた。ヨーロッパ諸国とともに、プーチン大統領やその側近の資産凍結や渡航禁止措置を実施し、その後もロシアの石油企業やエネルギー産業大手を狙った経済制裁を決定して圧力を強めているのはご承知の通りだ。

それ以前から、ロシアの経済環境は低迷状態にあった。ソチ五輪向けなどのインフラ投資が2012年に一段落したこともあって、投資熱が停滞し、鉱工業生産は低調となっていた。そこにウクライナ問題をめぐっての欧米の経済制裁、さらには原油価格の大暴落が追い打ちをかけたのである。

前にも述べたように、国家歳入の半分を石油・ガスの天然資源に依存しているこの国は、1バレル＝105ドルを前提に国家予算を算定しているといわれている。それが50ドルを割り込んだのである。

未曽有のルーブル安に見舞われ、いまや「原油安・経済制裁・通貨安」の三重苦にあえいでいる。２０１５年1月26日に、アメリカの大手格付け会社「スタンダード・アンド・プアーズ」社によって「投機的水準」にまで引き下げられたロシアの国債は、もはや「ジャンク債（ジャンクとは、がらくた、くずの意）」の扱いだ。

三重苦は、プーチン大統領の国家運営に大きな影響をもたらす。

欧米の経済制裁が発表されたあとの２０１４年8月17日付のモスクワ・タイムズ紙は、モスクワのセルゲイ・グリエフ新経済学院前学長による次のようなコメントを掲載した。

「前例のない欧米の経済制裁は、すでにロシアに強烈な打撃を与えている。ロシアは自給自足経済になりつつあり、それは国民の生活水準を低下させ、プーチンの支持基盤を低下させかねない」

経済制裁に原油の暴落が重なり、その「自給自足経済」が現実になろうとしたとき、手を差し伸べたのが、世界最大のエネルギー消費国・中国である。

窮地に陥ったロシアに手を差し伸べた中国の思惑

２０１４年10月、プーチン大統領はモスクワを訪問中の中国の李克強《りこっきょう》首相と会談した折、「ロシアにとって中国は、実質一番の投資国だ！」と持ち上げたうえで、通貨スワップ協定を結んだ。両国の中央銀行が、金融市場の緊急時に自国通貨を相互に融通し合おうではないかというわけだ。その額は3年間で１５００億元（約2兆８０００億円）に上り、中国は潤沢な資金で、欧米の経済制裁にあえぐロシアを資金面で支えることになった。

資金面だけでなく、エネルギーやＩＴ、高速鉄道などの分野でも両国は連携を強化することで合意している。

プーチン・李克強会談に先立つ２０１４年5月には、ロシアが中国に対し、４０００億ドルに上る天然ガスを供給する契約を締結しているし、ロシアで普及が遅れている次世代携帯電話に関しても、中国の華為技術（ファーウェイ）が技術協力してインフラや端末導入の拡大を促すのだという。

そして注目されるのが、ロシアが計画している高速鉄道建設への中国企業の参画だ。

ロシアは2018年のサッカー・ワールドカップ開幕を前に、モスクワとロシア南西部のカザンを結ぶ770㎞の高速鉄道の正式運転を始めるとしているが、このプロジェクトに中国から鉄道建設の「中国鉄道建築」や、車両大手の「中国南車集団」をはじめ、多数の国有大手企業が参加するのである。

ロシアは2030年までに総延長5000㎞の高速鉄道網を国内に整備する計画だが、そこには中国が深く関わるはずで、将来的には北京とモスクワをつなぐ鉄道建設の青写真を描いている。

このように、経済制裁によって欧米から資金調達をすることが困難な中にあって、中国とロシアが急速に接近しているのである。

反米のベネズエラにも急接近する狙い

現在、原油の埋蔵量世界一の座にあるのはサウジアラビアではなく南米のベネズエラである。

2007年までは、その埋蔵量は世界ランキングでは10位以内にも入っていなかったのだが、同国国内を流れるオリノコ川北岸に広がる膨大な量の「オリノコ・タール」という超重質油（ヘビーオイル）が発見されたため、突然、埋蔵量世界一の国家に躍り出た。

ただし、この超重質油は硫黄《いおう》や重金属などの不純物質をたっぷり含有していて、通常の油と比べて流動性が乏しいため、特殊な方法で回収しなければならず、コストもかかる。したがって、ベネズエラは原油の埋蔵量は世界一でも、産出量は世界ランキングの10位にも入っていない。

この国は原油価格暴落の前からインフレや物資不足、財政赤字に苦しんでいたが、原油価格暴落の直撃を受けてデフォルト（債務不履行）の危機に瀕してしまった。

そこで危機感を抱いたのが、ベネズエラと同じく反米の旗幟《きし》を掲げていた、同盟国のキューバだ。同盟国のよしみで、ベネズエラから割安の石油を提供してもらっていたのだが、それが困難になってしまったのである。

窮余の一策で、キューバは、1961年以来、半世紀にわたって国交を断絶していたアメリカと国交正常化に向けた交渉を開始した。2015年1月のことだ。つまり、仇敵ともいえるアメリカとキューバの急接近の背景にも「石油」が存在していたのである。

そして、キューバに見放された形のベネズエラに接近したのが、またもや中国だ。ベネズエラは世界銀行をはじめアメリカが出資する金融機関との関係が良好ではないため、前政権（チャベス大統領）の時代から資金調達面で中国を重視し、過去10年間で５００億ドル近くの融資を受けているのだが、２００５年1月、ベネズエラのニコラス・マドゥロ大統領自ら北京に出向き、

「今回の訪中で、中国の国家開発銀行と中国銀行との一連の資金調達取引が承認された」と発表した。具体的には２００億ドルの中国からの融資を確保したようだ。

融資したお金の返金の大半は、原油供給で行われる。

中国はお金にものをいわせる形で、ロシアから天然ガス、ベネズエラからは原油を入手するルートを確保している。このあたりに、抜け目のない中国のエネルギー戦略がうかがえる。

アメリカの意図に反した「中ロ独仏」の新たな連携

東北を黒竜江（アムール川）で、東をウスリー川で国境を接するロシアと中国は、同じ社会主義国家という共通項を持っているものの、国境紛争は絶え間なく起き、絶えず「友好」

と「対立」を繰り返すという微妙な関係にあった。

その微妙な関係を示すものの一つに「国境農民」の存在が指摘される。

実は両国の国境付近の農民のうち、中国側の農民の一部が非合法にロシア側に入り込んで農業を営んでいるのである。その数は数十万人ともいわれ、すでに一部はロシア側の農民と共同経営の形で農場を運営しているようだ。

このように書くと、両国農民が仲睦まじく共同生活を営んでいるという印象を受けるかもしれないが、ロシア人は中国人を決して信用していない。ロシア政府としては中国の非合法農民の追い出しを図りたいところだが、まさか武力で追い出すわけにはいかない。そこで黙認という形をとっているわけだが、欧米による経済制裁や急激な原油安が契機となって、ロシアと中国が蜜月関係に入ると、ロシア側に入り込む中国農民の数はますます増加し、この地域の農業ビジネスを事実上、中国人が支配する可能性がある。

思いがけないといえば、今回の原油安は中国・ロシア・ドイツ・フランスという4大国の連携をもたらすのではないかという見方もある。

ウクライナ問題にからみ、ロシアは、「ウクライナのロシアに対する150億ドルの債務を帳消しにする」という姿勢を見せた。一方、ヨーロッパ諸国に対して、「150億ド

(図表3) ロ－欧を結ぶパイプラインの多くがウクライナを通る

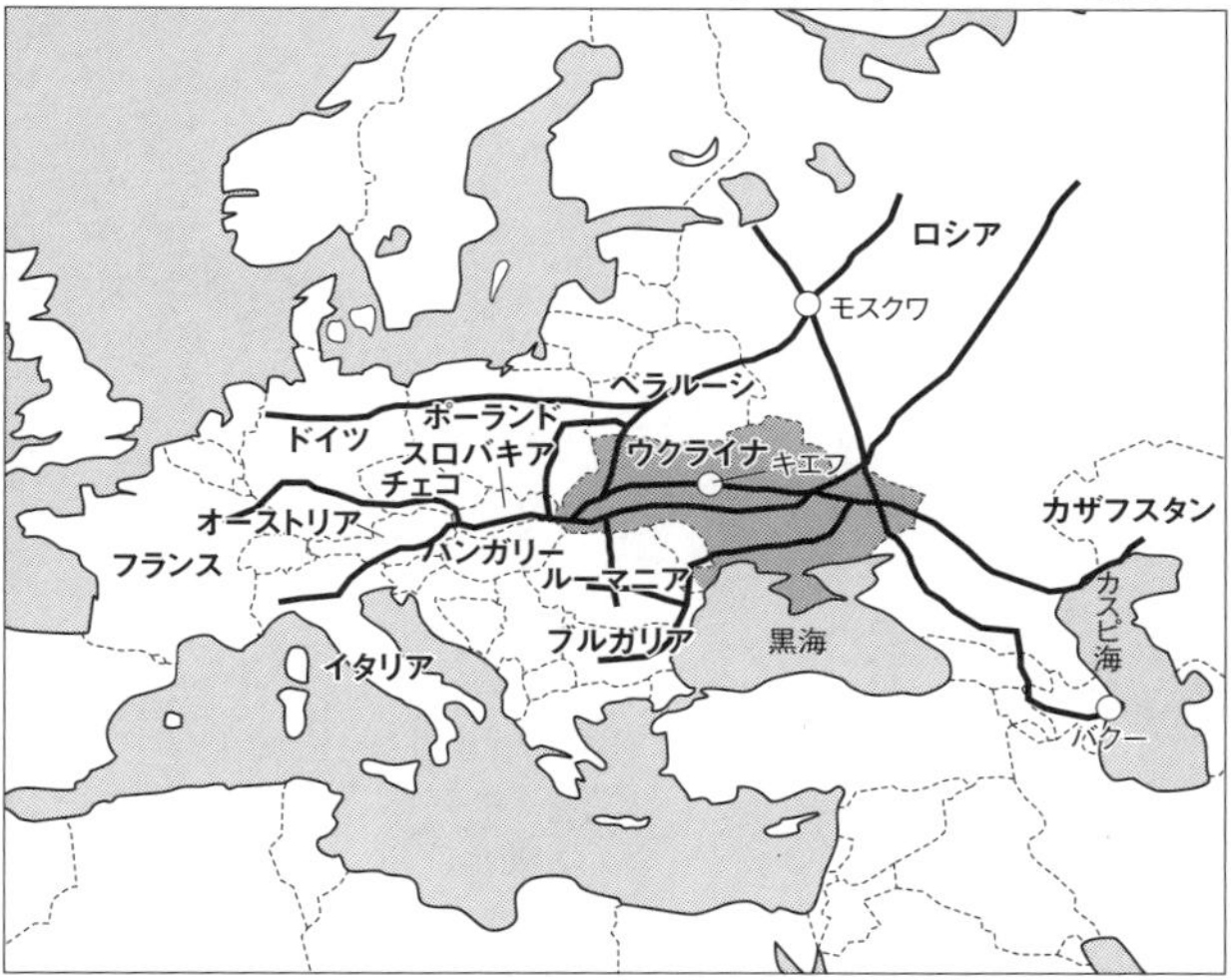

ルは帳消しにしたが、まだ30億ドルの債務が残っている。それをあなた方が肩代わりしなければ、ロシアはヨーロッパに供給している天然ガスを止めますよ」と宣告した。

さらに、

「あなた方が30億ドルを支払わないのであれば、私たちの天然ガスは第三国に行きます」と恫喝《どうかつ》とも取れる発言をした。ここでいう第三国というのは、蜜月関係にある中国や、経済発展著しいインドおよび東南アジアの国々だ。

その恫喝にいち早く反応したのが、主な産業がロシアの天然ガスに依存しているヨーロッパの先進国ドイツである。

ドイツのメルケル首相は旧東ドイツで育っ

ており、プーチン大統領とはツーカーの間柄。互いにロシア語で意思疎通が図れるという裏情報もある。

そこで、同じくロシアの天然ガスに依存し、必ずしもアメリカとの関係が良好ではないフランスを巻き込み、ロシアに対する経済制裁を「もうやめよう」という方向で動き出したとも伝えられている。

その結果、「中国・ロシア・ドイツ・フランス」という新たな枠組みが生まれようとしている。ロシアに対するアメリカの締め付けが、思いもかけぬ国際的枠組みを誕生させる可能性があるということだ。国際情勢は、アメリカの意図とは違った方向に動き出しているのかもしれない。

ロシアの経済危機が日本に及ぼす意外な影響

では、ロシアの経済危機は日本に対してどんな影響を及ぼすのだろうか?

ロシアは、場合によってはヨーロッパ向けに販売する天然ガスの量を大幅に削減し、そのぶんを中国に売ろうとしている。実際、2004年5月には、総額4000億ドル(約

48兆円）の中国向け天然ガス供給契約を交わし、パイプラインの共同敷設《ふせつ》を加速させているのである。

とはいえ、中国経済の先行きは不透明だし、基本的にこの国を信頼しているわけでもない。中国への依存度が高まるにしたがって、したたかな中国は「値引きしろ！」と迫ってくる可能性もある。とても中国一辺倒というわけにはいかないはずだ。

そこで、ひそかに視線を向けているのが日本だ。

ロシアにしてみれば、この国はお金持ちであるわりには弱腰外交で知られ、中国に比べるととても扱いやすい存在で、比較的安心な取引先なのである。

そこで天然ガスの大量購入先になってもらうべく、両国の関係改善を図ろうとする。切り札は北方領土だ。サハリンから北海道へとパイプラインを引き、さらに北海道から本州に通すという構想自体は古くからあるので、その具体化を鼻薬にして天然ガス供給交渉を進める可能性もある。もしかすると、水面下ではそんな交渉が始まっているのかもしれない。

しかし、そのような青写真が具体化しそうになれば、間違いなくアメリカから横槍が入る。陰に陽に日ロの接近を阻むわけだ。

一方で、アメリカはかつてのように世界への影響力を行使できなくなっている。たとえばＢＲＩＣｓの台頭や、アメリカ主導のアジア開発銀行に対抗するかのように中国主導で設立が進められているＡＩＩＢ（アジアインフラ投資銀行）の設立がその典型だ。ＡＩＩＢには、インドやカタール、サウジアラビアなどに加えて、スイス、イギリス、ドイツ、フランス、イタリア、ロシア、オランダなどヨーロッパの主要国までもが参加していることからも、アメリカの影響力低下は明らかだろう。

日本としては、当面はアメリカの意向に従うしかないが、やがてはロシアとの間のパイプライン敷設が現実のものとなる可能性はある。

二度の世界大戦も、勝敗を分けたのは「石油」

原油価格暴落に端を発したロシアの経済危機が世界的にどんな広がりを見せているかを俯瞰してきたが、過去を振り返ってみると、１９９１年のソビエト連邦の崩壊、東西冷戦の終結も、実は「石油」が遠因となっている。

ソ連崩壊の原因を教科書的に分析すれば、ゴルバチョフ元大統領のペレストロイカ政策の失敗、つまり、ソ連型社会主義の範囲内での自由化・民主化政策に無理があったということになるだろうが、その裏に「石油」をめぐる攻防があったことも事実だ。

つまり、アメリカがサウジアラビアに働きかけて原油の供給量を増やしたことで、原油価格が暴落。それがソ連財政を決定的に悪化させ、連邦崩壊・冷戦終結につながったと見られている。そのあたりは、今回のロシア経済危機と同じ図式だ。

ソ連邦が崩壊したあとは、旧ソ連の中にある石油をアメリカおよびユダヤ系の企業が二束三文で買い叩き、転売することによって巨額の収益を上げた。

同時にソ連邦から分離独立した中央アジアの国々に対しても、アメリカは実質的な支配権を獲得した。中央アジアのカザフスタンは石油の大産出国だし、同じくアゼルバイジャンでも石油が豊富に生産される。天然ガスに関していえば、トルクメニスタンやウズベキスタンが生産国である。

ソ連崩壊の原因にも、そして、崩壊によってアメリカが得たものの中にも、結局、「石油」が大きく関わってくるのだ。

さらにさかのぼれば、二度にわたる世界大戦も火をつけたのは石油であり、勝敗を決定づけたのも石油だ。

1914年に勃発した第一次世界大戦の折には、戦艦・飛行機・戦車に使用される燃料はすでに石炭から石油に変わっており、そのため各国ともに戦略物資としての石油は欠かすことのできない存在となっていた。この大戦でドイツが敗戦国となったのは、狙いを定めていたアゼルバイジャンのバクー油田をトルコに先取りされたため、備蓄石油を使い切ってしまったことに敗因がある。

続く第二次世界大戦では、日本軍はオランダ領東インド諸島に攻め入り、石油を確保した。しかしその輸送手段が脆弱《ぜいじゃく》で、日本のタンカーは米国の潜水艦によって次々に撃沈されてしまったのである。石油が枯渇すれば戦艦も飛行機も戦車も動かない。石油という重要戦略物資を考えれば、日本の敗北は必然だったといえるだろう。

将来を見据えたアメリカは、終戦直前の1944年には主要産地の中東に早くも石油確保のための布石を打った。サウジアラビアにアラビアン・アメリカン石油（アラムコ）を設立。それまでは自国生産中心だったアメリカが、石油確保のための陣地を一気に中東にシフトさせたのである。

そして1950年には、アメリカのアラムコとサウジアラビア政府が「利益折半」の協定を結んでいる。

アメリカは第二次大戦終了前からしたたかに布石を打っていたのである。

こうしてアメリカは世界の石油を押さえ、それをＵＳドルを基軸通貨として取引することで、「エネルギー市場」と「金融市場」を押さえ、世界の覇権を握った、ということだ。

そう考えれば、アメリカが「石油」という切り札を「何があっても」手放したくないことは、容易に想像がつくだろう。

世界を動かす「戦略物資」＆「金融商品」と化した石油

このように、石油は国際政治の舞台で「戦略物資」として重要視されているだけでなく、「金融商品」としての側面を持っている。

主にヘッジファンドなどの投機的な資金運用業者のことを「投機筋」と呼んでいるが、彼らは兆単位の巨額マネーを世界中のあらゆる金融商品に注ぎ込んでいる。その投資先の一つが「先物市場」であり、米、小豆、砂糖、コーヒー、鉄鋼、木材などさまざまな市場があるが、その中でも２００３年頃から大量の資金が流れ込み、存在感を年々強くしているのが「原油先物市場」だ。

冒頭でも述べたように、現在、原油価格の指標となっているニューヨークのマーカンタイル取引所で取引されるWTI現物先物はその代表的な存在だ。

ヘッジファンドをはじめとした投機的な資金運用業者は、原油先物相場が上昇傾向にあるときは大量に買い込み、運用益が出れば大量に売り浴びせにかかる。

しかも、WTIの実際の生産量は一日70万バレル程度であるにもかかわらず、オンライン・トレードを含めて1・5億~2億バレルの取引がされている。原油生産量の200倍以上にも上り、現実の需給バランスとはまったく別の次元で価格決定力を持つことになる。

そのため、こうした投機マネーは、一方向に振れやすいという特徴がある。

たとえば、「サウジアラビアの国王が死去した」という一報がもたらされるだけで、原油先物市場の価格は跳ね上がるし、中東のどこそこで紛争が起きそうだとなれば、現実に石油流通に何の影響がなくても、即座に反応する。

逆に、投資家心理が悪化して、市場全体が原油をはじめとした高リスク資産から安全資産に資金を移し始めると、資金運用業者は一斉に売り浴びせにかかる。そうなると、売りが売りを呼んで歯止めが利かなくなる。

通常、原油が安くなれば、企業や家計の負担が減って、私たちの暮らし向きは楽になるはずである。重油が安くなればハウス栽培のコストが割安になり、それに引きずられて野菜の価格が下がるはずだし、同じく漁船の燃料費も軽減化されるので、魚の値段も安くなる。ガソリンが値下がりすれば、家族でドライブを楽しむ回数も増えるだろう。

しかし、金融市場では原油安が巨大なリスクとして浮上してくるのである。

今回の原油安は、国家歳入の多くを自然エネルギーに依存しているロシアの通貨ルーブルを急落させた。この通貨危機はほかの産油国やアジアの新興国にも飛び火。さらにアメリカやヨーロッパへの飛び火が懸念され、２０１４年末の世界同時株安を招いた。

また、ロシアの通貨危機を皮切りに、ユーロの対ドル安、トルコ・リラ安など、世界の通貨がドルに対して下落している。日本の円も例外ではない。円がドルに対して安くなると石油取引がドル建てであることから、膨大な額を石油代金として支払うことになる。こうなると原油安のメリットを日本が享受できなくなる可能性もあるということだ。

第2章

石油は「あと30年で枯渇する」のではなかったのか

◆大きく変わったエネルギー常識と新・世界地図

原油とLPガス、ガソリン、灯油、重油…の関係

日本に輸入される原油は、その80％以上をサウジアラビア、アラブ首長国連邦、カタール、クウェートといった中東地域に依存しているが、中東で産出された原油を日本に運ぶ大型タンカーの約8割は、北のイランと南のオマーンに挟まれた「ホルムズ海峡」を通過する。

ここは世界のタンカーの通航路になっているだけに、古くから地政学上の要衝の海峡であり、イラン・イラク戦争（1980年～1988年）の折にはタンカー攻撃や海峡封鎖が行われたし、2012年にEUがイランの核開発に抗議する経済制裁を決定したときには、イランは機雷によるホルムズ海峡封鎖に言及し、対峙する姿勢を見せた。ここを封鎖すれば一気に原油供給が細り、欧米の経済、ひいては世界経済に大打撃を与えるからだ。

無事にこの海峡を通過した日本のタンカーはインド洋に出たあと、マラッカ海峡（マレー半島とスマトラ島の間）、あるいはロンボク海峡（バリ島沖）を抜けて、日本各地の製油所に向かう。約3週間という長い旅路だ。

長旅を終えた「原油」は、日本に20カ所ある製油所に運び込まれる。ここでは350度

（図表4）オイルライン〜中東に依存する原油タンカーのおもなルート

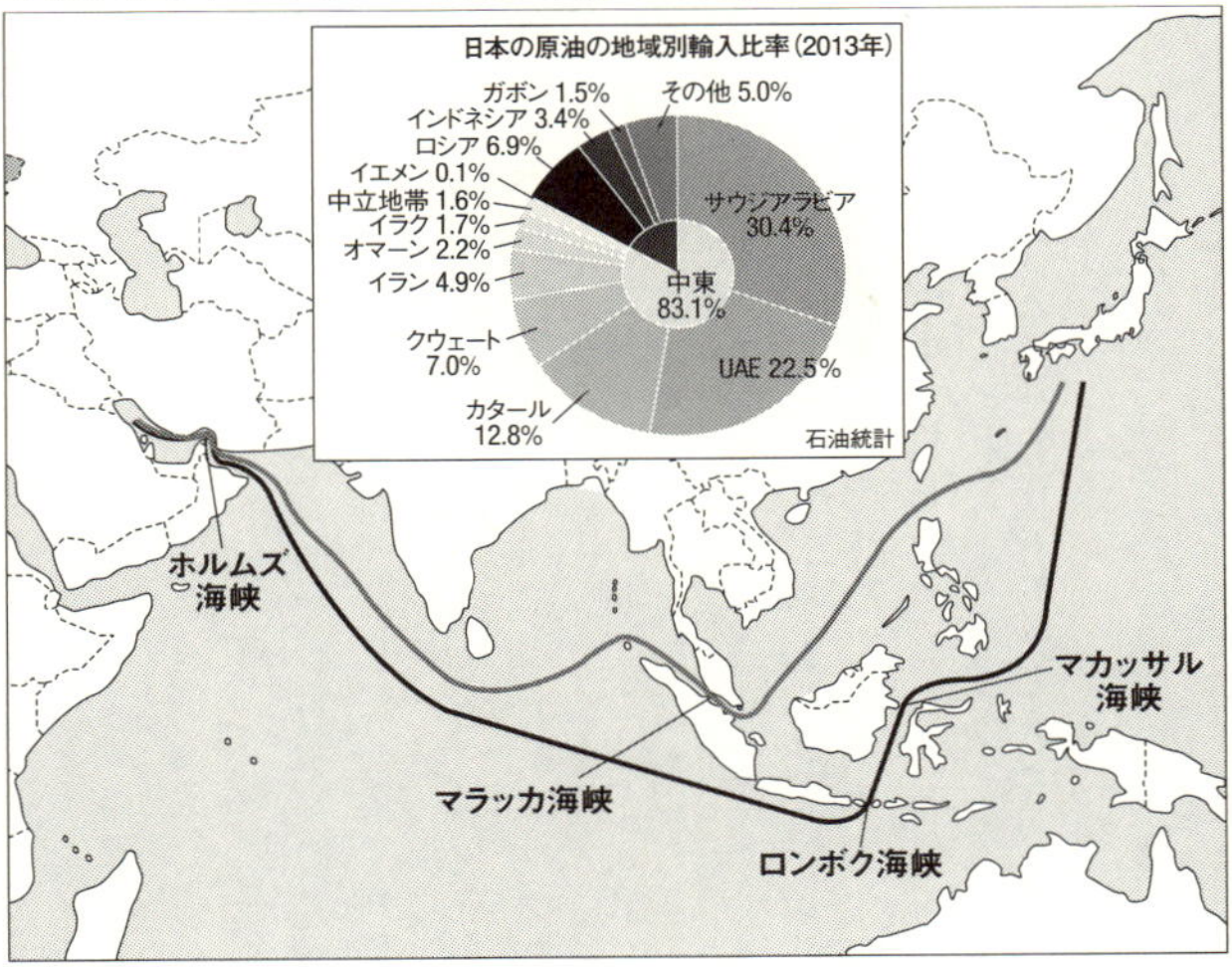

にまで熱せられた原油が、高さ50ｍもある蒸留塔の中に吹き込まれて石油蒸気となる。その後冷却され、沸点《ふってん》の低いものから高いものへと順に、「ガソリン留分」「灯油留分」「軽油留分」「残留」に大別される。

こうして作られるのが、左記の「石油連産品」だ。

・ＬＰガス（液化天然ガス）
・ガソリン
・ナフサ
・灯油
・ジェット機燃料
・軽油
・重油

・潤滑油
・アスファルト

石油連産品はさまざまな用途に使用されるが、約4割が工場や家庭の「熱源（エネルギー源）」として消費されている。火力発電所で電気を作り、ビルや家庭の照明や冷暖房、あるいは家庭用コンロなどに用いられるわけだ。同じく約4割が自動車、トラック、飛行機、船などを動かす「動力源」として、約2割がプラスチック製品・洗剤・化学繊維、あるいは自動車タイヤなどの「原料」として用いられている。自動車に関していえば、タイヤだけでなく、エンジンやAT（オートマチック・トランスミッション）などを動かす潤滑油や、車体に用いるプラスチックなどの部品の原料もすべて石油だ。

自動車が走る道路を作るにあたって欠かせないアスファルトも石油でできていて、日本では現在、年間330万トンものアスファルトが消費されている。その約70％は道路用だが、そのほか空港の滑走路、ビルやダムの防水用としてもアスファルトは使用されている。

現代人は石油をまとい、石油を食べて生きている

火力発電所では、ボイラーで発生させた水蒸気でタービンを回して電気を作るが、そのエネルギー源となるのが主に「重油」だ。重油は漁船の燃料や農家のビニールハウスの暖房機器にも使用されている。したがって、原油価格が下がれば魚や野菜の値段も安くなる。

また、陸揚げされた魚を市場や小売店に運ぶ冷蔵車や、産地から野菜を運ぶトラックには、同じ石油連産品の一つである「軽油」が使用されている。ちなみに軽油はトラック輸送だけではなく、バスやディーゼル機関車の燃料として使用されているし、RV（レクリエーショナル・ビークル）の中には軽油を燃料とするものもある。

スーパーに運び込まれた魚や野菜はパックされて売られているが、このパッケージも「ナフサ」と呼ばれる石油連産品の一つだ。魚や野菜だけでなく、肉も豆腐も納豆もすべてナフサでラッピングされているし、冷蔵庫の中にずらりと並んでいるペットボトルもナフサが原料となっている。原油価格が食卓に直結している背景がよくおわかりだろう。

ナフサは原油を蒸留する際に分留される成分の一つであり、あらゆる石油化学製品の基

礎となる物質だ。いま私たちの身の回りにあふれているポリエステル、ポリエチレン、塩化ビニールなどのプラスチック類は、すべてこのナフサから作られている。

化学合成繊維もナフサから作られる。

植物由来の木綿や麻、動物の毛で作ったウールや絹なども使用されているものの、現代人の「衣」の多くは化学合成繊維でできている。皆さんおなじみの「ユニクロ」や「GAP」などの商品は、その多くが石油由来の合成繊維。改めてチェックしてみると、下着や靴を含めたすべてが石油由来のナフサ製だという方もいらっしゃるのではないだろうか？極論をいえば、現代人は石油をまとって生活しているのである。

塗装原料や溶剤、そして洗剤もナフサで作られている。

住まいの壁紙もカーペットもナフサ。クリーニング店で洋服をラッピングしているのもナフサ。赤ん坊の紙おむつや女性の生理用品もナフサ。意外なところでは食品添加物の中にもナフサが使われているものがある。ハッと気づけば、私たちはいつの間にか石油に包まれて日々の生活を送っているのである。

なお、日本で使用されるナフサは国産が不足気味で、国内需要の約60％を輸入に頼っているのが現状だ。

石油は「あと30年で枯渇する」のではなかったのか

産業革命以前は約６億人とされていた世界人口は、現在では70億人超に膨れ上がり、３００年間で10倍以上にも増加している。世界人口の増加がもたらす問題の一つは食料の問題であり、もう一つがエネルギーの大量消費がもたらす問題である。というのも、エネルギーを供給する石油や石炭には限界があるからだ。

現在、エネルギー源には石油や石炭、天然ガスや原子力のほかに、太陽光や風力、水力、地熱などを利用した自然エネルギーがあるが、その依存度は石油が際立って高く、世界で消費されるエネルギーの約33％を占めている。日本ではこの数値がさらに高くなり、総エネルギーの45・６％を石油に依存している。

石油はやはりエネルギーの王様なのだ。

その石油に関して、第一次&第二次オイルショックの際には「30年限界説」が話題になった。世界の石油はあと30年しかもたないというものだ。

ところが、その後30年が経過したいまでも、石油は枯渇していない。

それどころか、世界の石油と天然ガスに関する統計資料として一般的に用いられているBP統計（BP Statistical Review of World Energy）によると、2013年末の「可採年数」は53・3年と、オイルショック当時よりむしろ延びている。私たちの暮らしに欠かすことのできない石油は、いったいいつまでもつのだろうか？

ちなみに、地球上に存在する原油の「絶対埋蔵量」のうち、「掘れば、採算が取れるに違いない」と判断された油田の埋蔵量が「可採埋蔵量」であり、この可採埋蔵量を1年間の石油産出量で割ったものが「可採年数」である。

サウジが減産に同意しなかった、もう一つの理由

絶対埋蔵量と可採埋蔵量の違いは、瀬戸内海の塩と、太平洋や日本海の塩にたとえるとわかりやすい。

瀬戸内海は古くから日本でも有数の塩田地帯として知られ、かつて塩田は瀬戸内の風物詩の一つに挙げられたほどだが、これは気候や地形、そして海水の塩分濃度が太平洋や日

本海に比べて塩作りに適していたからにほかならない。

古くから行われた「揚げ浜式」は、人力によって海水を運搬し、敷き詰めた砂の上に散布し、天日により乾燥させて塩を析出させるという手法だが、瀬戸内海は降雨量が少ないし、何より複雑な地形の内海なので海水の塩分濃度が濃いため、塩作りの効率がいいという優位性がある。太平洋や日本海の海水からも塩は取れるのだが、瀬戸内海の塩は相対的に生産コストが低くてすむということだ。

これは原油にも当てはまる。

すべての海水が塩分を含有しているように、極端にいえば、原油は世界中の地下や海底に眠っている。日本にも日本沿岸にも原油は地中、あるいは海底深くに多少なりとも眠っているはずだ。尖閣諸島の問題で日本と中国がもめているのも、実は島の周囲の海底に原油が眠っているからにほかならない。

しかし、たとえば原油価格が1バレルあたり30ドルのときに、採掘コストが1バレル40ドルかかるとしたら、そこに原油があるとは見なされない。10ドル、20ドルのコストが試算されたときに、はじめて「石油が眠っている可能性がある」と見なされるわけで、これが「可採埋蔵量」の基になる考え方だ。

油田の探索は世界中どこでも行われており、近年は人工衛星による地質写真、電気検層、人工地震探査、海上からの音響検査などに基づくデータ分析がなされ、きわめて高い精度で油田の存在の可能性が高いと思われるスポットが特定される。なかでも「三次元地震探鉱技術」を用いると、地下の立体的な内部構造が手に取るようにわかるようになったため、これまで見逃されていた油田も見つかるようになってきている。

探索の結果、「油田の可能性が高い」となれば「試掘」が行われる。「ピット」と呼ばれる、巨大なキリのついた鉄の管を回転させながら掘り進むわけだが、硬い地盤や岩を掘るときには先端に人造ダイヤモンドの粒を埋め込むこともある。

試掘によって、油層が発見されれば次の段階に進む。つまり「油井《ゆせい》やぐら」を組んで本格的な掘削が始まるわけだ。

原油の大部分は地下5000mまでに存在していて、地下1000m〜3000mのところからとくによく取れるのだが、通常は浅いところに眠っている原油ほど原価は安い。10m→100m→1000m→2000mと掘り進むにしたがって原価が高くなるのは当然だ。

日本列島も、地中どこまでも掘り進めば原油が出てくる可能性がある。とはいえ、油田があったとしても、それを採掘するためのコストは膨大な額となる。だから、「日本には原油があって、原油がない」ということになる。

サウジアラビアやクウェートといった湾岸諸国が「産油地帯」と呼ばれているのは、そこに眠っている原油が比較的浅いところに豊富に存在しているからにほかならない。たとえ1バレルあたりの単価が40ドル、30ドルに暴落したとしても、もともとの原価が安いのだから、彼らはさほど動じないのである。

２０１４年11月に行われたＯＰＥＣの総会で、サウジアラビアが「減産は行わない！」としたのも、背景にはこの原価の安さが関係している。

なぜ、中東に石油が多いのか

湾岸諸国をはじめとした中東地域には比較的浅いところに豊富な油田があるのは事実である。「どうしてか？」と問われれば、「地質に恵まれている」と答えるしかないが、あの熱風砂嵐の世界の地中、あるいは海底は、いったいどんな構造になっているのだろうか？

魚や貝といった生物の死骸をはじめとした有機物が海底や湖底に沈殿すると、それらは泥質の堆積物の中に取り込まれていく。取り込まれた堆積物は、さらに上から積もってくる堆積物によって加重を受けるうちに「ケロジェン」と呼ばれる物質に変化する。この「ケロジェン」が、いわば原油の素だ。

ケロジェンはやがて「根源岩《こんげんがん》（Source Rock）」に取り込まれ、これが油・ガス・水に分かれて地層に染み出ていく。染み出たガスと油は地層中を移動して、最終的に「貯留岩《ちょりゅうがん》（Reservoir Rock）」と呼ばれる岩にたまる。岩といっても、これはスポンジのような物質であり、油とガスの塊だと考えればわかりやすいだろう（83ページ図表7参照）。

しかし、油とガスは水よりも軽いため、そのままでは上に逃げて行き、散逸してしまう。そこで、逃げ出さないように上からガードするのが帽岩《ぼうがん》（Cap Rock）である。シールとも呼ばれる帽岩は、泥岩、断層粘土、岩塩などからなる硬い岩でできていて、油・ガスが上に逃げ出さないようにスッポリと蓋をしている。

これら根源岩と貯留岩と帽岩の三つの岩で構成され、油・ガスがたまるような構造になっているスポットは「トラップ」と呼ばれ、原油、ガスが存在するための必須条件だとされている。つまり、油田の探索とは、このトラップを探す行為にほかならない。

湾岸諸国をはじめとした中東地域に豊富に原油が埋蔵されているはっきりした理由はわ

かっていないのだが、太古の気候条件によって各種有機物に恵まれ、その有機物を含む根源岩も多い。また、根源岩から貯留岩への移動が効率的に行われる地層になっているうえ、地殻変動が少なかったことも大きいと考えられている。

なお、アラブ・中東地区の産油国のイスラム教徒たちに、

「あなた方の国々は、どうして石油に恵まれているのか？」

という質問をすると、おしなべて、

「すべてアッラーのおぼしめしである」

そんな返事が返ってくる。

同じ原油でも、その質は雲泥の差

ひとくちに原油といっても、世界には約３００種類もの原油があるとされており、産地によって含まれる成分も違う。化学構造で見ると炭素と水素とが結びついた「炭化水素」が主体となっているが、それ以外にも硫黄化合物や窒素化合物、そして金属分も含まれている。

一般的に硫黄化合物や金属分の少ない重油が「良質」とされている。アフリカのナイジェリアやリビア産の原油が「良質」だと評価され、値段が高いのはこの硫黄化合物や金属分が少ないからだ。逆に南米ベネズエラのオリノコ川北岸で取れる重油は、硫黄化合物や金属分といった不純物を多く含んでいるため、評価が低い。

オリノコ川北岸の重油はまた、「超重質油」である。つまり、ドロドロしているのだ。

米国石油協会（American Petroleum Institute）が定めた原油及び石油製品の比を「ＡＰＩ度」という。これは水と同じ比重を10度とし、数値が高いほうを「軽質」と定めている。

・39度以上↓超軽質
・34～38度↓軽質
・29～33度↓中質
・26～28度↓重質
・26度以下↓超重質

一般に、軽質原油のほうがガソリン成分を多く含み、高値で取引されている。

２０１４年夏、ベネズエラ政府はＯＰＥＣのメンバーであるアルジェリアから軽質原油を輸入する計画を発表したが、これは26度以下の「超重質油」であるオリノコ川北岸の原油を軽質原油で希釈して輸出するのが目的。評価の低い「超重質油」を少しでも「軽質」に近づけようという作戦だ。

産油地帯である中東は、重質から軽質までさまざまな種類の原油を抱えているが、比較的高硫黄のものが多いことで知られている。一方、インドネシアやマレーシア産のいわゆる「南方産原油」は、低硫黄で重質という特徴を持っている。そして前出のベネズエラやメキシコといった中南米産や、アメリカ産の中でもメキシコ湾岸産は重質高硫黄だ。

以上のように、原油にもさまざまな種類が存在しているのである。

欧米諸国がリビアに注目する理由

欧米が「アラブの春」と呼んだ革命劇は、まず地中海に面した人口２０００万人あまりの小国チュニジアで火がついた。ここは旧宗主国であるフランスに留学する若者が目につき、比較的インテリ層の多い国家だ。

前述したように、２０１０年12月、チュニジアの地方都市の青空市場で、ムハンマド・ボアジジという青年が無許可の野菜売りをしていたところ、女性警察官にとがめられ、売り物の野菜を蹴飛ばされるという事件が起きた。公衆の面前で、ことのほか面子《メンツ》を気にするイスラム教徒の男性が女性に屈辱を受けたのである。そこでムハンマド青年はブチ切れてしまい、抗議の焼身自殺を図ったのである。

この出来事は、青年の内部に日常的に鬱積していた不満が爆発したとも推測される。彼は、大学を出たものの定職がないという、いわゆるフリーターの立場にあったのだ。ちなみにアラブ地域には、ムハンマド青年のような大学出のフリーターが多数いて、たえず爆発の危険性をはらんでいる。

ムハンマド青年の焼身自殺の映像と音声は、モバイルを通じてチュニジア全土に伝えられた。その結果、ベン・アリ政権（当時）に対する不満が各地で爆発。チュニジア国内は抗議のデモや暴動、商店略奪、鉄道駅放火という事態に見舞われ、わずか1カ月で政権は崩壊。ベン・アリ大統領は友好国であるサウジアラビアに逃亡した。

「ジャスミン革命（注・ジャスミンはチュニジアの国花）」、あるいは「モバイル革命」とも呼ばれたこの革命劇の火の手は即、エジプトに広がり、両国に挟まれたリビアでも

２０１１年10月にカダフィ政権が崩壊した。

拍手を送ったのは欧米、なかでもアメリカである。

当時のヒラリー・クリントン米国務長官は、チュニジアのベン・アリ大統領が友好国・サウジアラビアに逃亡する寸前、世界に向けて、

「アメリカは民主主義を支持し、大衆の行動を支援する」

というコメントを発表している。

この時点で、アメリカは革命の火の手がチュニジア→エジプト→リビアに広がるに違いないと予測していたはずである。そして、混乱に乗じて手に入れる青写真を描いていたのではないかと思われるのがリビアの良質な原油だ。

「アラブの春」に先立つ２０１０年4月に、アメリカはチュニジア、エジプト、リビアをはじめとしたアラブ諸国の若者たちを自国に招き、「国際政治と国際経済の現状」という趣旨のレクチャーを行っている。某ウェブ会社の主催ということになってはいるが、明らかに政府の肝いりだと考えられる。

この場で、若者たちにモバイルを使用した大衆伝達のノウハウをレクチャーしたのである。うがった見方をすれば、モバイルを使用した革命を扇動したという見方もできよう。

その結果、まず火がついたのは、ベン・アリ政権に不満を抱える若者が多かったチュニジアだった。しかし、アメリカの真の狙いは、あくまでもリビアにあったという話もある。

当時のカダフィ大統領が「ドルに対抗して、アフリカ共通通貨を作る計画がある」などと発言するなど、アメリカとしては到底容認できない戦略を進めようとしていたこと。また、リビア産の原油は世界的にもきわめて良質で、エネルギーとしてだけでなく、軍事用途としても大変貴重なものだからだ。

イラク、シリアでの使命は終えた？

ここでいったん、ＩＳに話題を戻そう。というのも、ＩＳはイラク、シリアに続いてリビアに攻撃目標を定めていると見られているからだ。

第1章でもお伝えしたように、ＩＳが誕生した背景にはアメリカの思惑がからんでいる。いま、アメリカは国際世論に歩調を合わせるようにＩＳに攻撃を仕掛けているが、実は彼らを自国の都合に沿って代理戦争を行ってくれる戦闘集団だと捉えているフシがある。

背景にあるのはペルシャ湾に眠る膨大な量の天然ガスだ。これを、パイプラインを通じてヨーロッパ、そしてアメリカに運ぼうという計画はすでにできあがっている。まずはイラクに運び、さらにシリアを経由して欧米に運ぶというルートだ。

その計画を実現するためには、イラク・シリアの政権が親米的でなくてはならない。

しかし、フセイン政権崩壊後のイラク正式政府の首相となったマリキは、当初こそアメリカにとってコントロールしやすい政権だったが、次第に権力基盤を固めるために、イランとの接近を必要以上に図るようになってきた。そもそもイランに近いシーア派の首相でもある。

そこへ「都合よく」台頭してきたのがＩＳだった。はたして、ＩＳはイラク国内で暴れ回り、大混乱をもたらした。そうなると反シーア派で親米派のメンバーたちが、マリキ首相を、

「おまえのせいで、イラク国内はメチャメチャになったではないか！」

と突き上げ、結果的にマリキ首相は混乱の責任を取るという形で退陣。イラク国内にはアバディという親米政権が誕生した。

シリアではもう少し状況が複雑である。

シリア北部にある「コバネ」という町はもともとクルド人が住んでいたのだが、支配し

ていたのはシリアのアサド政権であった。この地でＩＳとクルド人が戦闘を繰り広げた結果、２０１５年初頭に完全にクルド人が奪還。この地区は、アサド政権ではなく、彼らが完全に支配することになった。そして、シリアのクルド人はイラク北部のクルド人とも手を組み、あたかも一つの疑似国家を樹立させた感がある。

そもそも、イラクのクルド人地区は、アメリカの庇護《ひご》によって１９７０年代から分離独立した自治区のようになっていた地域である。そして今回、シリア北部のクルド人地区もアメリカから武器の提供を受け、この地を支配するに至った。

つまり、ＩＳが引き起こした戦闘によって、結果的に親米派の疑似クルド国家が誕生しているのだ。

イラク、シリアに親米派のエリアが広がれば、パイプラインを通す際の障害はなくなる。さらに、シリアの地中海側の海底にも膨大な量の天然ガスが眠っているといわれている。それらのことを勘案すれば、意図したかどうかは別にして、ＩＳが果たした別の役割も見えてくるのではないか。

ともあれ、ＩＳはイラク、シリアでの一応の役割を終えた。となれば、アメリカを中心とした欧米主要国は、ＩＳの殲滅に本腰を入れるのか？

(図表5) 真の目的はイラク→シリアを通すパイプラインだった？

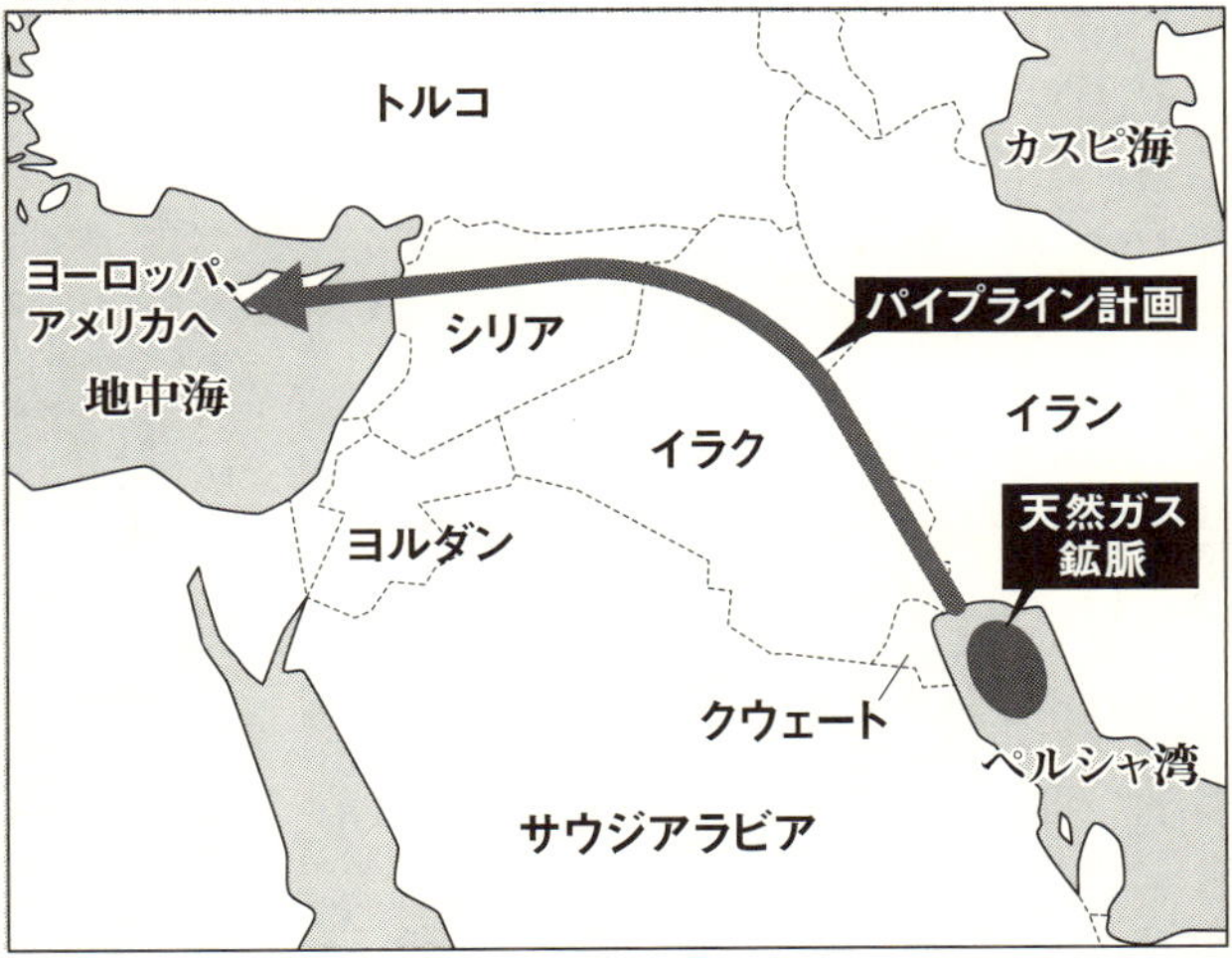

ことはそれほど単純ではない。

イスラム過激派が活発化する〝次の場所〟

イラク、シリアと戦ったISは、今後はトルコやレバノンを経由して国外に脱出する。メンバーの一部は母国のヨーロッパに戻り、テロを起こす危険性がある。ヨーロッパ社会は混乱し、経済は弱体化する可能性があるということだ。

テロを抑え込むためにはアメリカの協力が必須である。となれば、ヨーロッパ諸国が構想中だったロシアからの天然ガス輸入計画は頓挫《とんざ》してしまう。「アメリカから離れて、ロシアと組んだほうがいいのではないか」という意見は押しつぶされてしまう可能性があるということだ。

では、トルコやレバノンを経由して国外に脱出したＩＳの本隊はどこに向かうのか？

彼らが次に向かうのはリビアであり、実際、多数のメンバーがすでにリビア国内に入り込んでいる。

「アラブの春」によるカダフィ政権崩壊以降のリビアは内乱状態にあり、東と西、そして南部に分断された状態にある。リビア北西部にある首都トリポリの周辺はイスラム色の強い「アンサール・イスラム」と呼ばれる集団の支配地域であり、この集団が実質的にリビアの実権を握っている。

一方、ベンガジを中心としたリビア東部は、カダフィ政権後にアメリカ亡命から帰国したハフタル将軍を中心とした世俗&親米派のグループが押さえている。そして、リビアの良質な原油は、主にこの東部地区で産出されるのである。

ＩＳはすでに、イスラム色の強い北西部の「アンサール・イスラム」の支配地域に進出しており、過激な活動を繰り広げている。まだ日本ではそれほど報道されていないが、これが目に余るレベルになれば、国際的な世論が高まって、ＩＳ攻撃の口実を与えることになるだろう。

（図表６）良質な原油を産出するリビアは３分割の危機？

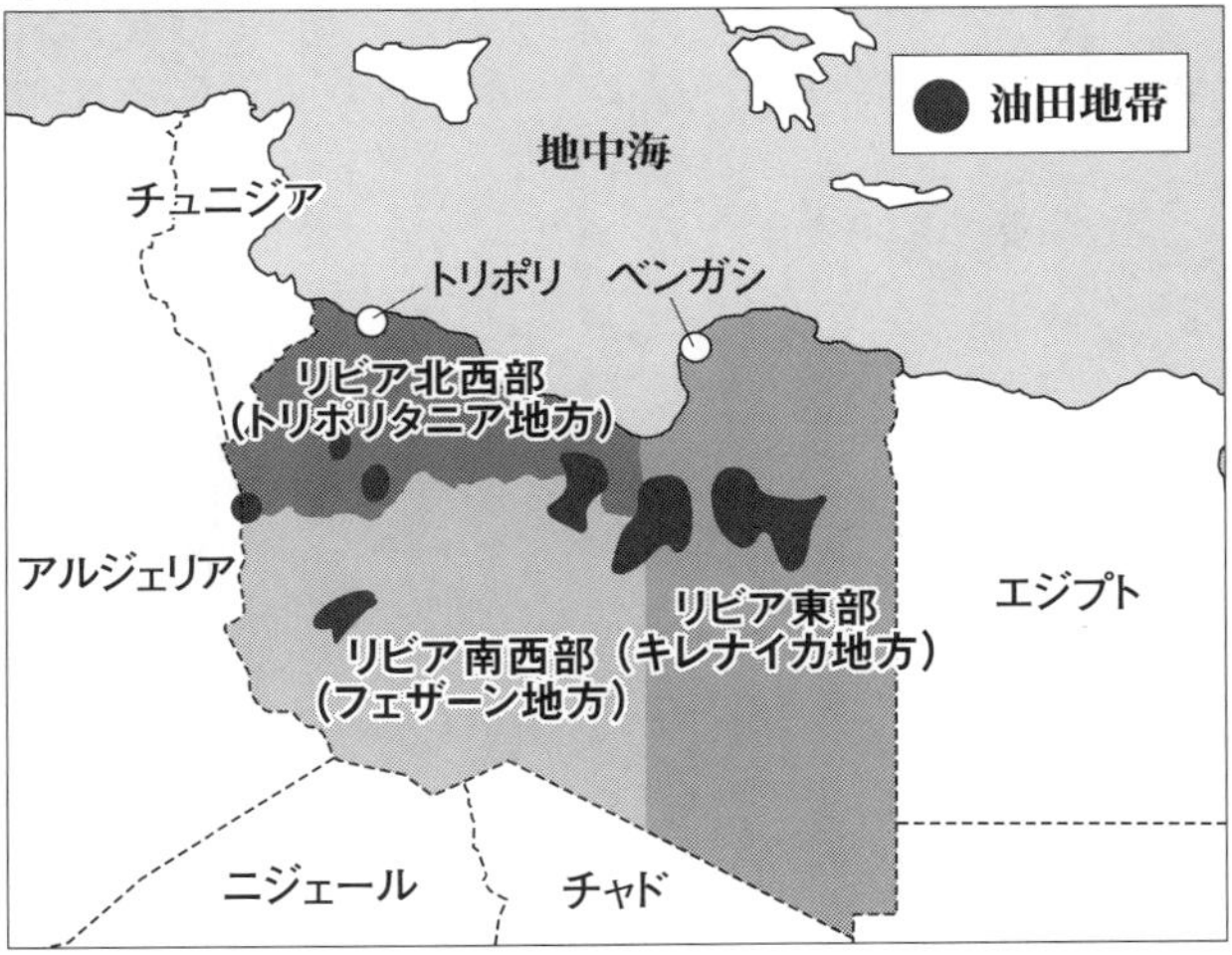

結果的にアンサール・イスラムはダメージを受けて、アメリカの支援を受ける東部のハフタル将軍を中心としたグループがリビアの実権を握ることになるのはないか。結果的に、東部の良質な原油・ガスはアメリカのコントロール下に入るということになりはしないか。

前にも述べているように、リビアの原油は硫黄分や重金属分が非常に少ないため、高性能のカーボン繊維の製造に適しているといわれる。

カーボン繊維は、ジェット戦闘機やミサイルのエンジンの噴き出し口などで使用されており、その用途から品質の高さが求められる。

そして、ジェット戦闘機をはじめとした兵

器類は、石油と並ぶアメリカの基幹産業でもある。

「シェール革命」は世界のエネルギー勢力図を塗り替える？

ここで、アメリカ発の「シェール革命」の話題に立ち戻ろう。

アメリカ国内のシェールオイルの生産量は2010年頃から激増し、10年足らずでその生産量は10倍を超えている。

2014年の非OPEC諸国による石油の生産量は、前年比で日量180万バレルも増えているが、その80％にあたる140万バレルがアメリカにおけるシェールオイルによるものだとされている。これにより原油の純輸入国だったアメリカが、産出国として世界一の座に躍り出た。

そして、世界のエネルギー勢力図が塗り替えられるのではないかと予測する識者もいるし、前述のように国際エネルギー機関（IAE）も、

「拡大するアメリカのシェールオイル生産によって、今後5年の石油需要増加分をほとんどまかなうことができる」

そんな予測を発表し、いっそうの注目を集めた。

こうした「シェール革命」により、「シェール・バブル」とでも呼ぶべき現象が見受けられたが、ここにきて、実はそのバブルが崩壊しようとしている。アメリカ国内に、破綻するシェール関連企業が続出しているのだ。

実は、私はシェール関連の話題が表面化したとき、その詳細を知るにつけ、「これは無理があるな」と直感し、冷めた視線で騒ぎを眺めていたのを覚えている。

理由は次の通りである。

在来型の石油・ガスとは何が違うのか

シェールガス・オイルを含有している頁岩《けつがん》（シェール）は堆積岩の一種であり、「頁（ページ）」の名前が示しているように、本のページのような感じで薄く割れる性質がある。

地表から2000〜3000mのところにその頁岩からなる頁岩層が広がっていて、なかにはオイルやガスが閉じ込められている事実は古くからわかっていたのだが、技術的に採掘が難しく、コストもかかるため、実際の採掘量は微々たるものだった。可採埋蔵とは見なされていなかったわけだ。

なにせ頁岩は浸透率が低いため、商業ベースに乗る量を採取するためには頁岩層に割れ目を作り、そこからオイルやガスを取り出さなければならない。しかし、その技術が開発されていなかったため、従来は、頁岩層に自然にできた割れ目から細々と採取されているにすぎなかった。

ところが2000年代半ばにアメリカで「水平（坑井《こうせい》）掘削技術」および「水圧破砕」「マイクロサイズミック」という特殊な技術が開発されたのである。

従来型のガス・オイルの掘削は垂直に穴を掘り続ければいいのだが、頁岩層は従来型の油井と異なり流動性が著しく劣るため、まずは2000m付近まで垂直に掘削したあと、少しずつドリルを傾けて水平に掘削していかねばならない。その困難な技法を実現させたのが「水平（坑井）掘削技術」だ。

また、頁岩層の中にあるガス・オイルは岩の中に分散して存在しているため、そのままでは流動せず、坑井を掘削しただけでは取り出すことができない。そこで開発されたのが「水圧破砕」だ。これは掘削後に水を高圧で注入し、坑井の周りの岩を破砕するという技法だ。

（図表7）シェールオイルと従来の油田の違い

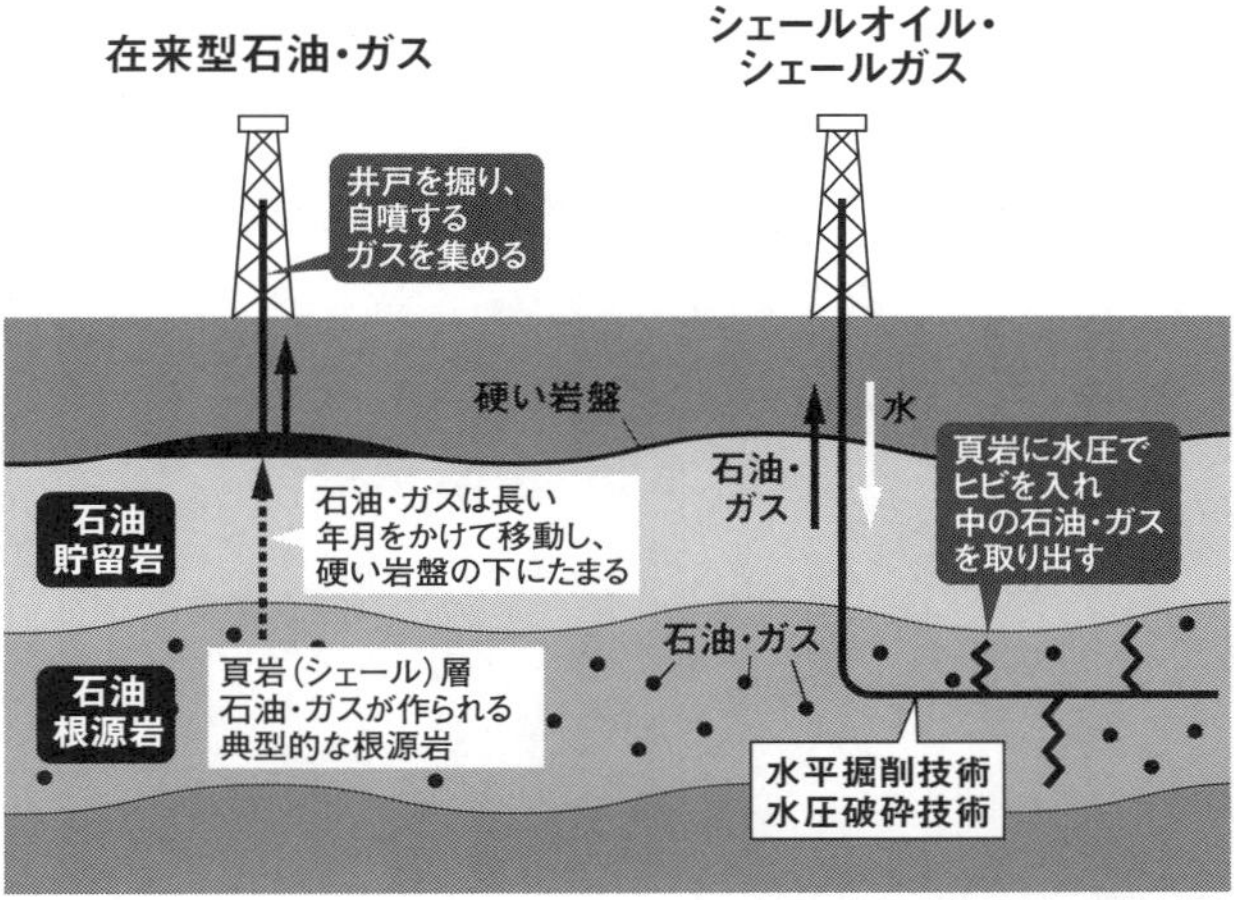

今日の石油産業2014―石油連盟

併せて、微弱地震の震動波を人工的に起こし、坑井の地層の破砕状況を観測する「マイクロサイズミック」という技術も開発された。こうした新技術の登場により、アメリカにシェール革命がもたらされたのである。

しかし、次に述べるように、これらの技法には問題点も多い。

実は問題が多い「シェール革命」

まずはコスト面の問題が指摘されよう。場所によって違いがあるものの、中東地域の油田で産出される石油のコストは平均すると1バレルあたり10ドル～30ドルだとされている。「トラップ」が比較的浅い場所にあるため、コストが割安なのだ。

一方、シェールガス・オイルの場合は1バレルあたり50ドル～100ドルのコストがかかる。原油価格が1バレル40ドル、50ドルに下落すると一気に採算割れとなり、原油開発や生産プロジェクトがストップしてしまう危険性があるということだ。

現に、今回の原油価格急落により、アメリカの現場では稼働するリグ（油田の掘削装置）の数が急減し、開発主体である石油会社の中には大がかりなリストラを断行したところもある。

また、シェールガス・オイルのトラップは総じて規模が小さく、井戸を掘ってから1～2年で生産量が急減するため、一定の生産量を維持するには絶えず新しい井戸を掘り続ける必要がある。

そうなればあっちからもこっちからもパイプラインを引かなければならないわけで、その意味でもコストはかさむわけだ。環境問題も指摘されよう。

水圧破砕する際には多量の水が必要である。その確保が重要な課題であり、水が不足気味の地域では深刻な環境問題をもたらす可能性がある。また水圧をかける水の中には化学物質が混入されているので、廃水処理も重要な課題となる。実際、アメリカ東海岸にある

採掘現場周辺の居住区では、

「水道の蛇口に火を近づけると、引火して炎が上がる」

「水が汚れて匂いがする」

といった報告がもたらされている。その事実からもわかるように、地下水の汚染による環境や人体への悪影響が懸念されているのである。

以上のように、コストと環境問題を考慮すると、シェールガス・オイルが世界の主たるエネルギーになるのはきわめて難しいといわねばならない。

ブームに乗って積極的に投資した日本の大手商社の中には、巨額の赤字を抱え込んでしまったところもある。

「シェール・バブル」崩壊の次なる展開

2015年1月7日、アメリカ・テキサス州のシェールガス・オイルの開発会社の一つである「WBHエナジー」が米連邦破産法11条を適用して経営破綻した。負債額約60億円。シェールガス・オイル開発企業としては初の破綻だった。

破綻の原因は改めていうまでもなく、原油暴落のため売り上げが確保できず、資金繰りが悪化したことにある。

今後も、シェールガス・オイル開発企業の破綻は相次いで起きるだろうと予測されている。

原油やガスの探査から、生産設備の製造を担当する「サービス会社」の代表格の一つであるフランス「シュルンベルグ」も、原油暴落の直撃を受けて9000人ものリストラを決定したし、同じくアメリカの「ベーカー・ヒューズ」も7000人のリストラを発表しているのである。

原油掘削リグの本数は確実に減っており、「シェール革命」の火の手は沈静化しているのは間違いない。

もっとも、シェールガス掘削に取り組んできたのは、一獲千金を夢見た独立系の中小石油会社が多く、シェール革命が騒がれていた頃には「掘っては売る」を繰り返していれば金融機関からの融資を受けられたものだが、原油価格の暴落によって融資がストップしてしまった。

シェール市場にいち早く参入した大手石油会社の場合は、この数年でコスト削減と業務の効率化を図り、リスクをヘッジしてきたため、今回の原油大暴落もなんとか持ちこたえているのが現状だ。

今後は淘汰《とうた》段階に入り、中小のシェール関連企業は破綻するか、大手に吸収される形となり、「シェール・バブル」は沈静化すると見られている。

第3章　石油価格は「誰が」決めているのか

◆アラブの大富豪、シェール革命、石油メジャー…をつなぐ点と線

パリで強盗に遭ったアラブの大富豪が持ち歩いていた金額！

王政国家の国王は、有力部族や、部族の連合体である「部族連合」の中から選ばれる。サウジアラビアを例にとれば、国王を中心に6000～7000人もの王族がいるとされているが、王家の中でも分派の分派、そのまた分派ともなれば、日本でいえばサラリーマンの給料程度のお手当しか出ない。しかし、直系の王族に対しては我々の想像を絶するような手当が支払われるとあって、お金の使い方も並はずれている。

2013年5月、サウジアラビアのファハド王子が、フランス・パリ郊外にある「ディズニーランド・パリ」で豪遊し、3日間で1500万ユーロ（約19億5000万円）を使ったと同施設の運営会社が明らかにし、世界中の話題を集めた。

報道によると、王子は3日間にわたって「ディズニーランド・パリ」を借り切り、60人あまりの招待客とともに自身の学位修得を祝ったらしい。

王子たちのディズニーランド貸切パーティは、朝6時から夜中の2時まで連日行われ、ジェシカ・ラビットやロジャー・ラビットのほか、「アトランティス～失われた帝国」のキャストなど、めったに見られないレアキャラクターが王子を祝って登場したのだという。滞在中の園内には厳戒態勢が敷かれ、王子は当然VIP待遇。まさに「ディズニーランド・パリ」を独り占めである。

人気アトラクションの前で長い行列をなし、値段を気にしながら園内のレストランで食事をする一般庶民からすると、別次元の遊び方だ。

2014年8月には、同じくフランスで、またまたサウジアラビアの王子が話題となった。

パリ郊外のルブルジュ空港に向かって高速道路を十数台で走行していた某王子の車列が、2台のBMWに分乗したマスク姿の8人の男たちに襲われ、約25万ユーロ（約3400万円）の現金を強奪されたという事件だ。

25万ユーロはおそらく王子のポケットマネーだろうと推察される。

庶民感覚からすると、「そんな現金を持ち歩いていたのか！」と驚かされてしまうが、私が見聞したところでは、サウジアラビアをはじめとした産油国の富豪たちがパリやロンドンに遊びに行く場合、数千万円単位のキャッシュを持ち歩く（注・実際に持ち歩いているのは側近）のは決して珍しいことではなく、なかには億単位のポケットマネーを持参する者もいるようだ。

彼らの多くは自家用ジェット機を所有しているので、私たちが郊外のショッピングセンターに出向くような感覚で、パリやロンドンに気軽に遊びに行く。

そしてスーパーカーであれ、書画骨董美術品であれ、目についたものは片っ端から購入する。同行した女性は、ジュエリー類や最新モードのブランド品を買いまくるのである。

えっ、自家用ジェット機にこんなものまで完備?

サウジアラビアのアルワリード王子の自家用ジェット機がインターネット上で公開されているので、関心のある方はぜひ覗いてみてほしい（「アルワリード王子」「自家用ジェット機」で検索できる）。

この人物はたしかに王族の血筋の一人ではあるが、建設およびビザのエージェンント会社の経営からスタートし、一代で巨万の富を築いた起業家&投資家として知られるサウジの有名人だ。「上場会社の株式」「大手メディア企業」「不動産」「ジュエリーコレクションやフランスの港での投資」「銀行預金」などで約204億ドル（約2兆5000億円）の資産を分散所有しており（注・2011年時点）、過去、世界富豪番付の第5位に選ばれたこともある。

彼が所有している自家用機は、A380という世界最大（定員850人）の大型旅客機を個人使用の自家用ジェット機に改造したものであり、機体の購入費用が3億ドル、改造費だけで1億ドルかけたとされている。なにせミサイル防衛システムまで完備しているのだ。

アルワリード王子の自家用ジェットとまではいかなくても、産油国の富豪たちはおしなべて自家用ジェット機を所有していて、前述したように日本にも一族郎党を乗せて遊びにやってくる。そして5つ星ホテルの部屋をフロア単位で借り切り、同行した専属調理人がハラール料理を作る。

自国では緑豊かな広壮なお屋敷に住み、カーポートには数十台もの高級外車が駐車している。なかには陽光を受けて燦然《さんぜん》と輝く金ピカのクルマが駐車していることもあり、ちょっと度肝を抜かれてしまう。彼らにとって「ゴールド」は富の象徴なのだ。

ちなみにサウジアラビアのアルワリード王子の所有するメルセデスベンツは、30万個のスワロフスキー（注・高級ガラス）で覆われ、車体価格が4・8億円だといわれている。

資源大国ブルネイが援助している巨大なもの

王政を敷いている国家は国王の権限の違いによって二つの種類に分類される。一つはサウジアラビアのような「絶対王政」の国で、ここでは国王の権限は「絶対」である。もう一つはヨルダンのような「立憲君主制」を敷いている国で、憲法によって規定された君主制であり、国王の権限はあくまで限定的だ。

サウジアラビアと並ぶ事実上「絶対王政」の国として知られているのが、東南アジアのイスラム教国の一つであるブルネイだ。

国土面積は日本の三重県と同程度の5770㎢。人口はわずか40万人程度。

原油や天然ガスなどの天然資源を多く埋蔵しており、日本も年間約500万トンあまりの天然ガスを輸入している。これは日本が消費する天然ガスの約6％に該当する分量だ(注・2013年)。

こうした豊かな天然資源を背景に、東南アジアではシンガポールに次ぐ高い経済水準と社会福祉を実現。医療費(公立病院)や教育費(公立学校)は原則無料だし、個人の所得税もかからない。人口40万人あまりだから、それらを無料にしたところで痛くもかゆくもないはずだ。

イギリス連邦加盟国という背景もあり、政治面では「立憲君主制」を敷いているものの、国王の権限は年々強化されており、実態は「絶対王政」の国家だといっていいだろう。なにしろ首相は国王が兼任しているし、閣僚は国王によって指名されるのである。

そんな国の国王ともなれば、サウジアラビアの王子がいくら裕福だといってもリッチさのレベルが違うようで、かつてブルネイの国王はアメリカＣＩＡの外国作戦のスポンサーになっていた時代があるほどだ。このことは公にはされていないが、それを裏付ける情報がいくつも出てきている。

単純な言い方をすれば、ＣＩＡが国王に対し、

「ちょっと資金を出しなさいよ。悪いようにはしないし、守ってあげるからさ」

そんな感じで庇護を持ちかけ、国王がそれに応じたということ。国王にしてみれば、家のセキュリティ・システムを備える程度の感覚だったのかもしれない。

ＣＩＡとしては、ブルネイ国王が供出した資金を活動資金にする一方、ブルネイ国王は、ＣＩＡに国家体制維持のためのサポートをしてもらうわけだ。おそらくは現在もＣＩＡを

資金面でサポートしているだろう。

裏を返せば、ブルネイをはじめとした金満小国は体制が脆弱《ぜいじゃく》であり、いつ革命が起きてもおかしくない状況下にあるということ。ブルネイを例に取れば、イギリスが推進したマレーシア連邦発足に反対してブルネイ人民党が蜂起した1962年の「ブルネイ動乱」以来、非常事態宣言が発令されたままだ。

現在、一般国民は豊かな生活を享受し、国内の政治治安情勢は安定しているものの、いつ、何が起きるかわからない。いつ、ISをはじめとした過激派の標的とされるかもわからない。そんな国家が頼りにするのは、やはり軍事大国アメリカである。

オイルショックがアラブに〝にわか成金〟を誕生させた

アラブ諸国の富豪は何も王族に限られているわけではない。

建設関係、繊維関係、運輸関係、そして石油関係など、どの分野にも大富豪はいる。

彼らが営むビジネスが飛躍的に発展したのは、1970年代のオイルショックがキッカケだった。

1973年10月6日、第四次中東戦争が勃発。これを受けて10月16日にはOPEC加盟産油国のうちペルシャ湾岸の6カ国が、原油公示価格を1バレル3・01ドルから5・12ドルへ70％引き上げることを発表した。さらに12月23日には、1974年1月から原油価格を5・12ドルから11・65ドルへ引き上げることを決定したのである。

原油価格の上昇は、エネルギー源を中東の原油に依存してきた先進工業国の経済を直撃した。日本も例外ではない。デパートのエスカレーターの運転休止、ネオンサインの早期消灯、ガソリンスタンドの日曜休業。さらには、トイレットペーパー騒動や洗剤パニックが各地で起きた。これが「第一次オイルショック」である。

それから数年後の1979年に起きたイラン革命にともない、イランでの原油生産が中断したことにより、原油価格は再び上昇し、世界経済は大きなダメージを受けた。それが「第二次オイルショック」だ。

二度のオイルショックにともない、産油国には莫大な富が転がり込み、にわか成金がその富を乱費した。

たとえば、クルマの販売代理店。オイルショックにより世界のクルマ市場は冷え込んだわけだが、逆に、莫大な富が流入した産油国では飛ぶように売れた。なかでも、オイルショック以前から代理店の権益を得ていた者は笑いが止まらなかったはずだ。

なにせ、黙っていても海外からクルマが運ばれてきて、それがエンドユーザーに流れていく。経営者はその流れの中に座っているだけで「口銭」が入ったわけだ。

1973年のオイルショックの前は細々と小さな代理店を営んでいるにすぎなかった者が、オイルショックによって突然はじけ、あっという間に業務を10倍、100倍の規模に拡大。富豪への道を突き進んだという事例は枚挙にいとまがない。

自動車関連だけではない。私が知っているだけでも、JUKIミシンをはじめとした日本の工作機械の代理店を営んでいて成功を収めた者がいるし、パナソニックの代理店をしていて大金持ちになった者もいる。

あのオイルショックがアラブ・中東地域に富豪を誕生させたのである。

中東地域に「カースト」が生まれている

オイルショックによって富豪が誕生したことは、国家にとっても好ましいことのはずだが、一方で不都合な事態が生じてしまった。とくにサウジアラビアのように多くの人口を有する国には、ある種の「カースト」が生まれてしまったのである。

というのも、代理店の権利など既得権益を握っている者が、その権益をなかなか手放そうとしないため、若者たちをはじめ市場への新たな参入希望者はなかなかビジネスチャンスに恵まれないのだ。また、新たなビジネスチャンスが生まれそうになると、既得権を得ている者たちが札束を積んで、その新しい権益を押さえ込んでしまう。若者が起業しようとしても、既得権者たちがお金の力でその芽を摘み取ってしまうのである。

その結果、富める者はますます富んでいき、貧しい者はいつまでたっても貧しいままという現象が見受けられ、ある種の「カースト」が生まれてしまったわけだ。

大産油国で豊かなはずのサウジアラビアでさえ、人口の４分の１が「貧困層以下」だとされている。

富める者と貧困層の所得格差は開いていく一方である。

格差は国家間にも見受けられる。

エジプトの故ナセル大統領は、

「アラブは一つだ！」

と唱えたことで知られているが、あの「汎《はん》アラブ主義」はもはや幻想となってしまった。

アラブ地域が「石油のあるアラブ」と「石油のないアラブ」に分かれてしまったのである。

アラブといっても、すべての国に石油が出るわけではなくて、チュニジア、ヨルダン、レバノン、モロッコなどは非産油国である。産油国は医療費や学費が無料、税金はほとんど徴収されないが、非産油国の中には医療や教育もままならないところもある。

そこで、非産油国の人々は産油国へと出稼ぎに行き、身を粉《こ》にして働くわけだが、そこで差別を受けている。産油国の人々は非産油国の人々に対して、見下す視線を向けがちなのだ。

大学出のインテリ層の中にも格差が生じる理由

格差は産油国のインテリ層の中にも見受けられる。

アラブの産油国に巨額の富が流入したオイルショックのあとの10年間くらいは、この地域に英語をしゃべれる人はさほど多くなかったため、私のようなアラビア語を話す外国人は非常に喜ばれ、重宝がられたのを覚えている。

ところが、80年代半ば頃から英語を話す若者が急速に増えた。産油国の政府が、大量の若者をアメリカやイギリスといった英語圏に国費留学させたからだ。

留学帰りの若者たちは、帰国後、「英語をしゃべれる」ということで政府機関や企業のそれなりのポジションに就くことができた。端的にいえば、就職してごくごく短期間で係長や課長の椅子に座ることができたのである。留学帰りはエリート扱いだったということだ。

ところが、留学帰りは年々増加するわけだから、やがては、

「英語がしゃべれるだけではダメ」

「マスター（修士号）を取ってなきゃ、ダメ！」

「いや、ドクター（博士号）を持ってなきゃ！」

「うちは、ＭＢＡ（経営学修士）取得者が前提だ！」

という感じで、エリートの座も次第に狭き門になってきた。

そしていまでは、マスターやドクターを取っていても、しかるべきステータスの仕事に就けないという現象が起きている。以前は、既得権益を持っている一族と、そうでない一族との間に格差ができていたのだが、いまではインテリ層の中にも格差が生じているということだ。

「アラブの春」のムハンマド青年の事例でも紹介したように、大学を出たものの定職に就けないという若者はごまんといる。

産油国でムハーバラード（秘密警察）が強化されている背景

産油国では大学出や海外留学組といったエリート層の中に不満が鬱積している現状は前項でお伝えした通りだが、彼らは「人権」「平等」「民主主義」「報道の自由」といった、いわゆる「国際的スタンダード」を自国に持ち込もうとする。

たとえば、サウジアラビアでは、女性による車の運転はいまだに認められていない。また、王家や体制を批判するなど、表現の自由、報道の自由もないのが実情だ。服装も規制がきわめて厳しい。欧米などの映画は検閲が厳しく、実質的にはほとんどが上映許可されないし、映画そのものが禁止の国もあるほどだ。

政府としては彼らの批判を無視することはできない。彼らの主張はそれなりに筋が通っているうえ、とくに海外留学組はイギリスやアメリカのメディアとコネクションを持っている。海外留学中に机を並べた仲間の中には、新聞社や放送局に就職した者もいるからだ。

産油国のエリート層が抱える不満は、ネットやモバイルを通じてイギリスやアメリカの仲間にリアルタイムで伝わり、反体制的な動きが芽生えたような場合、欧米のメディアは喜んで報道する。ある意味では産油国の反政府的な活動を煽るわけで、政府としてはそうした潮流に頭を痛めているようだ。

アラブ諸国には「ムハーバラード」と呼ばれる公安&秘密警察がいて、彼らは国民の反体制的な動きに絶えず目を光らせているが、最近、どの国もその組織力強化に躍起になっている。それだけ、反体制的な動きが見られるということだ。

とくに、外国人労働者の多い湾岸諸国にはムハーバラード強化の傾向が見受けられる。

日本のニュースが報じない、湾岸諸国が抱える火種

湾岸産油国の一つであるバーレーンは、隣国サウジアラビアとは「コーズウェイ」という海上橋で結ばれていて、互いの国民がちょっとした小旅行の感覚で行き来している。

そのバーレーンでは2011年以来、全国民の6〜7割を占めるシーア派国民による反政府デモが続いている。この国は、サウジアラビアと同じくスンニ派が実権を握る国家で

あり、スンニ派国民ばかりが優遇されているため、

「シーア派の権利を、スンニ派と平等にしろ！」

と叫んでいるわけだ。

バーレーンの政府はデモを続けるシーア派国民を逮捕・投獄し、拷問を加えたりするため、デモがデモを呼ぶという悪循環が繰り返されている。

同じ湾岸のクウェートでは「ビドゥン」の存在が大きな社会問題となっている。ビドゥンというのは、何代にもわたってこの国に住んでいるにもかかわらず国籍を与えられない無国籍住民のことだ。彼らがクウェート政府に対し、

「我々にクウェート国民としての正当な権利を与えろ！」

と主張して、デモを繰り返しているのである。

しかし、政府としてはなかなか「イエス」とはいえない。というのも、クウェート政府は自国民に対して手厚い福祉を施しているからだ。なにせ医療費が無料、教育費も無料、住宅資金に関しては一応ローンを組ませるものの、ある時払いの催促なしだから、実質無料。そのほか、国民に対しては国営企業の株を配布して、配当を与えている。ここでもしもビドゥンを自国民だと認めたなら、彼らも当然、福祉政策の対象となるわけで、クウェー

(図表8) サウジアラビアの足元を揺さぶるバーレーン

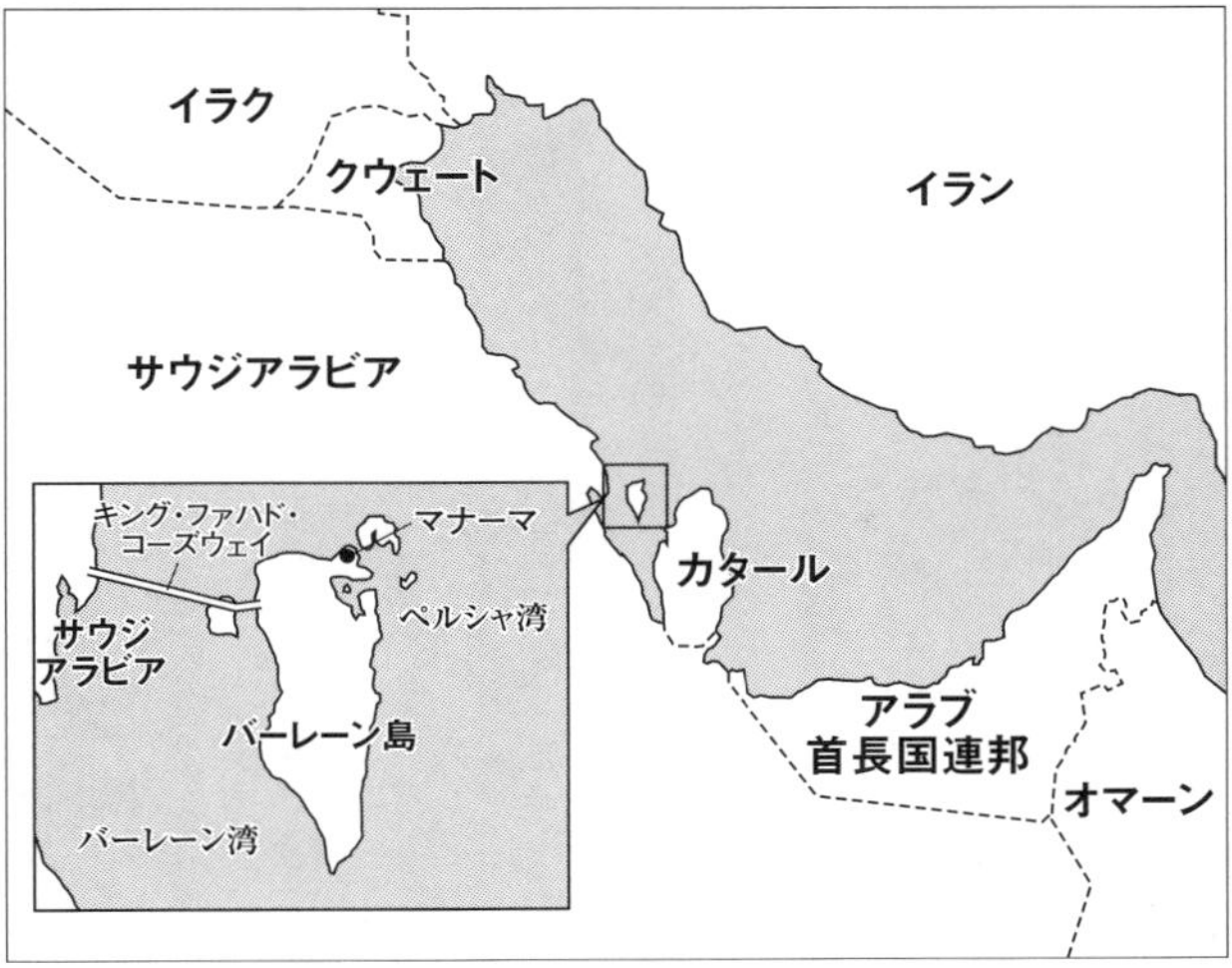

ト国民に対する施策が相対的に薄らいでくる。政府は、それをよしとはしたくないのである。

バーレーンのシーア派の動きにしろ、クウェートのヒドゥンの活動にせよ、背景にはチュニジア→エジプト→リビアと広がった「アラブの春」、そしてシリアやイラクでの内乱が存在していると考えられる。

それらの出来事を横目で見ながら、

「我々も、行動をより活発化させなければならない！」

と決起したに違いない。逆に政府としては「なるべく早いうちに抑え込まねばならない」と従来よりも強硬な姿勢に出る。両国内の混乱は、ますますエスカレートしていくはずだ。

石油王国に火の手が上がれば、先進工業国は「対岸の火事」ではすまされない。そのことは過去の石油ショックで学習ずみのはずだ。

その火種にイランが介入すると……

バーレーンという国は、同じスンニ派の王国として隣国・サウジアラビアをサポートする立場にある。サウジアラビアからすれば、この国は江戸時代の長崎の出島のような存在であり、サウジの男たちはコーズウェイを渡ってバーレーンに息抜きに出かける。なぜなら、アルコールや女性に関して厳格なサウジとは違い、それらが比較的自由な治外法権の国だからだ。

そんなバーレーンの人口の6~7割を占めるシーア派国民の背後には、同じシーア派の大国であるイランが控えている。

現時点（注・2015年3月）では、イランはバーレーンに直接介入はしていないものの、この先シーア派によるデモが拡大し、欧米のメディアが積極的にニュースとして報道するようになれば、おそらくイランは黙ってはいない。

「バーレーンで起きているデモは、シーア派国民にこそ大義がある」

などと、口出しをするはずだ。

そうすると、バーレーンという国家がぐらついてくる。そんなとき、黙っているわけにはいかないのが、長崎と出島の関係にあるサウジアラビアだ。イランの介入によるバーレーンの混乱は自国に影響するからだ。

サウジアラビアの中でも産油地帯であるアルカティーフは、シーア派が多数を占める地域であり、下手をするとバーレーンのシーア派とアルカティーフのシーア派が結びつく可能性がある。それをイランのシーア派が後押ししたなら、サウジアラビアという国家の根幹をゆるがす事態になりかねない。

バーレーンに引きずられるようにしてサウジアラビアが混乱すれば、石油価格は高騰し、過去の石油ショックよりもスケールの大きいパニックが世界経済に襲いかかるだろう。

原油価格が「突然」乱高下する理由

ここで、原油価格が急に上下する背景にいま一度注目してみよう。

１９７０年代から１９８０年代までは、原油価格は需給のバランスによって決まるといわれていた。たとえば原油が１００リットル欲しいというときに90リットルしかなければ原油価格は上がるし、同じく１５０リットルあったなら、当然、原油価格は下がっていたわけだ。

ところが90年代以降になると、原油価格の動向に金融市場の投機筋の思惑が大きな影響を及ぼすようになってきた。

よく知られているのが、２００７年のリーマン・ショックにともなう資金の流れだ。サブプライム住宅ローン問題に端を発したアメリカでのバブル崩壊をきっかけに、多分野における資産価値の暴落が起きて、アメリカの大手投資銀行の一つであるリーマン・ブラザーズが経営破綻。同社が発行する社債や投信を保有する企業が連鎖倒産の憂き目にあったという世界レベルの金融パニックであり、日本でも日経平均株価が大きく値を下げたのは記憶に新しいところだ。

あのリーマン・ショックのときには、ＷＴＩの原油価格は１バレル70ドル台から一気に１３０ドル台に急騰した。サブプライムローンに流れていた投機マネーが、一斉に原油先物市場に流入したからだ。

個人ではなく企業体で投資活動を行っている大口の投資家を「機関投資家」と呼んでおり、具体的には生保・損保、銀行、証券会社、政府系ファンド、そしてヘッジファンドなどが挙げられる。

この中のヘッジファンドというのは、ほかの機関投資家や富裕層から私的に大規模な資金を集め、金融派生商品などを活用したさまざまな手法で運用するファンドのことで、彼らはとくに「投機筋」とも呼ばれている。

彼らは好不況にかかわらず、常に投機的スタイルで利益を追求するのが特徴で、相場の乱高下を加速させがちだ。

彼らの投じる巨額の「投機マネー」は世界中のあらゆる金融商品に向かうわけで、その一つが「原油先物市場」である。先物市場とは、端的にいえば数カ月先に商品を売買する「権利」を売ったり買ったりする市場のことで、実際に「現物」を扱うわけではなくて、手持ち資金の数倍の金額で売買取引ができるという特徴がある。

２００３年頃から原油先物市場にこの投機マネーが大量に流れ込み始め、年々存在感を増している。いまや、このヘッジファンドをはじめとした「機関投資家」が原油価格を動かしているといっても過言ではないだろう。なかでも最大の影響力があるのはロスチャイルドやロックフェラーといったユダヤ系の大財閥だ。

彼らは原油先物市場が上昇傾向にあるときは大量に買い込み、一定の運用益を得たら大量に売り払う。そのため、実際の需要や供給とは関係なく、原油価格は突然の乱高下を見せるのである。

原油が安くなれば、私たちの給料がアップする？

原油価格は金融市場の動向に大きく左右されるが、その金融市場は国際政治の動向に非常に敏感である。

最近の事例でいえば、2015年1月のアブドラ前国王（サウジアラビア）の死が挙げられよう。国王重篤説が流れた頃から、「王位継承権の順番は？」「国王の死後、サウジはどうなるのか？」「権力闘争が起きるのか？」といったさまざまな憶測が乱れ飛んでいたが、「国王死去」の一報で、原油価格は瞬時に上昇した。

同じ2015年1月に、ゴラン高原でイスラエル軍が将軍を含むイラン兵6名を殺害するという事件が起きると、

「イランは本気でイスラエルに対するミサイル攻撃を考えているようだ」

という噂が流れ、原油価格は一気に上昇した。

アブドラ国王という世界のキーマンの死が原油市場の動向を左右するのは当然として、イランのイスラエル攻撃というのは単なる噂である。しかし、時として噂が価格に影響を与えるのだ。

噂をキャッチした投資家が買いに走る。ほかの投資家も、「乗り遅れてはならない」と買いに走る。そこで原油価格が上昇する。ある程度の収益を上げると、今度は売りに出る。「値崩れしては大変だ」ということで、ほかの投資家も売りに出る。こうして原油価格は乱高下するわけだが、日本の場合、乱高下にともなうリスクを軽減化するために、数年単位の長期契約で原油を購入するのが通例だ。

そのため、原油価格が下がると、石油関連の日本企業の資産価値は相対的に下がる。大型タンカーで日本に運ばれる原油の一部は「ストック」に回されるが、ストックされている原油の中には、その時点の相場に比べると割高のものがあるということになるわけだ。

つまり、原油が安くなったからといって、各種の石油産品が即、安くなるとは限らないということである。

さらにいえば、各種産業を牽引する石油の値段が下がると、経済規模が縮小する。今回の原油暴落にともない、「原油が安くなると、消費が刺激されて企業の業績がアップし、我々の給料がアップする」とコメントする評論家もいるようだが、ことはそれほど単純ではないということだ。

シェール・バブル崩壊の裏にあるアメリカ経済界の意図

アメリカの「シェール革命」には裏があるのではないか、と私は思っている。

新たな掘削技術の開発によってアメリカの原油とガスの生産量は一気に増え、アメリカは原油の純輸入国から世界最大の産油国に転じたのは前にもお伝えした通りだ。

つまり、シェール革命のおかげで、アメリカはもはや「油」には困っていないのである。

しかし、そのシェール革命には問題点がある。前述した生産コストの問題だ。

通常、中東地域で産出される原油のコストは、1バレルあたり10ドル～30ドルとされているのに対し、こちらは同じく50ドル～100ドルのコストが必要となる。にもかかわらず一攫千金を夢見る中小零細の業者がシェール市場に多数参入した。彼らは自転車操業を繰り返しながら、あっちでもこっちでも掘削リグで掘りまくる。掘ればたしかに油もガスも出る。ところが生産コストは高いし、地権者には土地使用権を支払わねばならない。

ちなみに、アメリカでは地下資源の所有権はその土地の所有者に帰属しており、開発を委託された石油会社は産出されたシェールガス・オイルの代金の一部を土地所有者に支払わねばならないことになっている。

１カ所の採掘量が少ないシェールガス・オイルの場合、どうしてもあちこち掘りまくることになるから、この土地使用料がかさむのである。

また、ガスやオイルを精製工場に運ぶためには、新たなパイプラインを引かねばならないわけで、その設置費用やパイプラインを通すための土地使用料も必要となってくる。このままでは、アメリカのシェールガス・オイルはエネルギー分野での価格競争に勝てないということになる。

結果的に中小ベンチャー企業は、シェールガス・オイルの油井を開発しても、経営難にぶつかり手放さざるを得なくなるか、倒産する。彼らが手放さざるを得なくなった掘削の権利を大手石油会社が買い占めて一本化する。一本化すれば、コストは割安になる。そうなってはじめて、シェールガス・オイルが競争力を持ち、世界のエネルギー市場におけるアメリカの地位がより高まる。当初から、アメリカはそんな筋書きを描いていたようにも見えてくる。

そして、もしそれが真実だとしたら、事態は筋書き通りに、着々と進んでいるといえそうだ。

そもそも石油はいつからエネルギー資源となったのか

では、石油はどのような過程を経て現代社会のエネルギー源となり、戦略物資となったのだろうか？　ここでその歴史を振り返ってみたい。

その起源を考察するとき、ゾロアスター教との関連で語られることが多い。

紀元前１０００年頃に古代ペルシャ（現イラン）で誕生したとされるゾロアスター教は、「拝火教」と呼ばれるくらいに火を神聖化する宗教である。おそらくは古き時代のイラン人が、今は油田地帯として知られるカスピ海沿岸のいずれかの地で、油田から漏洩《ろうえい》する天然ガスに自然発火した火を、「燃える水」として崇《あが》めたのが、その始まりなのだろう。

その石油が、初めて機械掘りにより掘り当てられたのは１８５９年のことである。場所はアメリカ・ペンシルベニア州の片田舎、タイタスビル南方の川岸だ。

鉱床を掘り当てた幸運な男、エドウィン・ドレークは鉄道の元車掌で、彼が掘り当てた鉱床は「ドレーク油田」と名付けられた。

ドレークの掘削をキッカケとして、さまざまな投機、土地売買、採鉱許可証の買い取りなどが行われ、全米が石油掘削の熱狂の渦に包まれた。

最初にその支配者となったのが、1863年にアメリカ東部で原油精製を開始したジョン・D・ロックフェラーだった。

この年、ロックフェラーの会社があったクリーブランドとペンシルベニアの間を結ぶ鉄道が敷設《ふせつ》されると、沿線には精製所が次々に建設されたのだが、彼の保有する精製所が最大規模のものであり、原油処理能力は1日500バレルを誇ったと伝えられている。

その後、ロックフェラーは沿線の製油所を次々に買収していき、1870年に「スタンダード石油」を設立した。この会社は、1879年には全米の原油精製能力の90％を支配するまでになり、やがてヨーロッパやアジアにも石油輸出をスタートさせたのだった。

世界に石油を広めたロックフェラーとロスチャイルド

ペンシルベニアのタイタスビルでドレークが原油鉱床を掘り当ててから10年あまりが経過した1870年代には、ロシアでも油田開発が進んだ。主産地となったのはカスピ海沿岸のバクー地方で、立て役者となったのは「ノーベル賞」の創設者であるアルフレッド・ノーベルの実兄であるロバート・ノーベルと、ロスチャイルドのフランス分家のアルフォンソ・ロスチャイルドだ。

彼らはバクー地方に製油所を建設し、ロックフェラーの石油によるヨーロッパ制覇の前に大きく立ちはだかったのである。

ノーベル家は1879年に「ノーベル兄弟石油生産会社」を設立。同じくロスチャイルドは1886年に「カスピ海・黒海会社」を設立し、ヨーロッパでの販路を広げるために、イギリスに販売会社を立ち上げた。

両社はロシア国内で互いにしのぎを削ったが、ノーベル一家優位という情勢が続いた。

また、ヨーロッパ市場では、両社にアメリカの「スタンダード石油」を加えた三つ巴の戦いが繰り広げられた。その結果、ヨーロッパ市場におけるロシア産は20〜30%を占めるまでになったのだが、先行のスタンダード石油の優位は動かず、またロスチャイルドはここでもノーベル一家の後塵を拝した。

そこで、ロスチャイルドはマーカス・サミュエルという貿易商の協力を仰いで、アジアに販路を開拓した。

このマーカス・サミュエルという男はなかなかの野心家であり、その後、アメリカの「スタンダード石油」をはじめとする競合他社やロスチャイルドをはじめとするロシア産石油からの依存から脱却しようと、石油取引に関係した事業を包括する組織として、1897年に「シェル・トランスポート・アンド・トレーディング会社」を設立している。皆さんよくご存じの「シェル石油」の前身だ。

その後、シェルは1907年にオランダ国王が出資して創設された「ロイヤル・ダッチ」と合併し、「ロイヤル・ダッチ・シェル」となった。この会社は1914年にロスチャイルドのバクー油田を買い取り、ロスチャイルドは売却代金として同社の全株式の10%を取得。ロイヤル・ダッチ・シェルの大株主となったのである。

一方、ロスチャイルドが一時しのぎを削ったロックフェラーの「スタンダード石油」は

1911年に34社に分割されたが、各社が「エクソン・モービル」「シェブロン」といった大企業となって現在に続いている。

いずれにしろ、ロックフェラーとロスチャイルドという二大巨頭が、世界に石油を広めたのは間違いない。

チャーチルが火を付けた世界の石油ブーム

石油黎明期《れいめいき》の立て役者がロックフェラーとロスチャイルドだとするなら、その世界的なブームに火をつけたのは大英帝国元首相のウィンストン・チャーチルである。

ご存じのように、石油が表舞台に登場する以前、エネルギーの主役の座にあったのは石炭である。そのため18世紀半ばから19世紀にかけてヨーロッパに広がった産業革命の渦の中心にいたのは、豊富に石炭が産出されるイギリスだった。

その頃のイギリス海軍は、巡洋艦隊の動力源を確保するために、世界中のいたるところに「石炭基地」を作っていた。1900年代までは、艦隊の動力源はあくまでも石炭だったわけだ。

1911年7月1日、ドイツ軍がモロッコに軍艦を送り込んだとき、当時海軍相だったチャーチルはある重大な決断をした。

ドイツの軍艦を阻止する巡洋艦には、スピードと効率的な航続距離が求められる。その動力源として、当時ようやく実用段階を迎えつつあった石油に注目したのである。巡洋艦をはじめとした英国艦隊の燃料を石炭から石油に切り替えれば、スピードが出るし、エネルギー効率がよくなる。そして、人手も省ける。

しかし、チャーチルのエネルギー転換プランは、海軍省内部でも反対意見が多かった。イギリス国内には、石炭ならいくらでもあるが、石油は産出されないからだ。

そこでチャーチルは海軍省の予算から約200万ポンドを出資して「アングロ・ペルシャ石油会社」（次章で詳述）の筆頭株主となり、石油を確保したのである。

このチャーチルのエネルギー転換策は世界の注目を集め、1914年に勃発した第一次世界大戦では、石油は戦略物資として最重要視された。前述したように、ドイツが敗北したのも、狙っていたカスピ海沿岸のバクー油田をトルコに先取りされたため、備蓄石油を使い切ったせいだとされている。

続く第二次世界大戦では、石油は国家の命運を握る戦略物資として、争奪戦が繰り広げられたのは改めていうまでもない。二つの大戦は石油の価値を人類に知らしめたわけだ。

それが、中東における石油の奪い合いへとつながったのである。

第4章 石油をめぐる「一筋縄ではいかない」世界図式

◆イギリスの策略、産油国の対立、アメリカとキューバの急接近…

中東に最初に楔を打ち込んだ、したたかなイギリス

先進工業国の中東進出を語るうえで欠くことができないのが、前章で紹介した「アングロ・ペルシャ石油会社」の存在である。チャーチルが海軍省の予算の中から約２００万ポンドを出資して筆頭株主になった石油会社だ。

ペルシャ（現イラン）は拝火教の発祥の地であり、各地に「神の火」の炎は上がっていたのだが、その地底深くに膨大な量の原油が眠っているという事実は、19世紀になってもまだ確認されていなかった。

しかし20世紀に入って間もなく、一人のイギリス人男性が、この地で炎を上げる「神の火」に興味を示したのである。オーストラリアで金鉱を掘り当て、巨万の富を築いていた鉱山技師ノックス・ダーシーだ。

１９０１年、彼はペルシャ国王に交渉し、４万ポンドに加えて16％の利権料を支払うことを条件に、ペルシャの国土の４分の３に及ぶ地域の60年間に及ぶ石油利権料を取得したのである。

ダーシーはイギリスから地質学者や配下の技師をペルシャに送り込み、原油を掘り続けた結果、1908年に、ペルシャ湾のアバダン（注・イラン南西端）の北方・200kmの地にあるマスジット・スレイマンで、中東地区で最初の産業的油田である「スレイマン石油」を掘り当てた。

そこでダーシーは石油開発会社を設立したのだが、さしもの鉱山王もやがて資金難に陥り、イギリスのパーマ・オイルと合弁で「アングロ・ペルシャ石油会社」を設立した。チャーチルはこの会社に200万ポンドを出資して筆頭株主となり、石炭から石油へのエネルギーの切り替えを実現したのだった。

このことからもわかるように、中東地区に最初に楔《くさび》を打ち込み、産出される原油を支配したのはイギリスである。

イギリスが中東でのイスラエル建国を支援した理由

1914年に勃発した第一次世界大戦で連合国側の一員だったイギリスは、同盟国側の雄オスマン帝国に側面攻撃を仕掛ける目的で、当時、オスマン帝国の支配下にあったアラ

ブの人々に対して、

「あなた方がオスマン帝国に対して反乱を起こしてくれたなら、パレスチナの地に『アラブ王国』を建設してあげます。あなた方はこれでオスマン帝国の圧政から解き放たれるのですよ」

そう持ちかけた。

イギリスの誘いに希望の光を見出したアラブの人々は、喜んでこの提案に応じた。

そこまでの話だけなら、現在のパレスチナ・イスラエルの問題は生じなかったはずだ。

ところが、一方で膨大な額の戦費を必要としていたイギリスは、ユダヤ人大富豪であるロスチャイルド家に、次のような文面の手紙を送ったのだった。

「資金援助をしていただきたい。応じていただけるのなら、我々はパレスチナでユダヤ人のナショナル・ホームの建設を支援する用意があります」

お金で国家が買えるのというのである。自分たちユダヤ人の国家を持たないロスチャイルド家は、当然、この話に乗った。つまり、イギリスはアラブ人とユダヤ人の双方にパレスチナでの国家建設を約束したのである。

以上が、パレスチナ・イスラエル紛争の出発点だ。

同じ土地に二つの国家を誕生させれば、当然、紛争が起きることが予測されたはずだが、イギリスの意図はどこにあったのか？

実は、ここにも「中東の原油」が関係していた。

イギリスは中東地域の原油を差配するために、あえてこの地にイスラエルという一種の混乱要素を植えこんだともいえるのである。

それはアラブ諸国を混乱させるのが狙い？

イスラエルが建国された地は、アラビア半島、北アフリカアラブの中間に位置し、中東の要衝の地であるとともに、地中海に面し、ヨーロッパともきわめて近い位置関係にある。

しかも、そこにはエルサレムというイスラム教の三大聖地の一つがあった。

となれば、アラブ諸国はどこもパレスチナ問題を見過ごしにすることはできない。裏を返せば、もし、あの国がチュニジアやリビアあたりの北アフリカに建国されたのであれば、さほど大きな問題にまでは発展しなかったのかもしれない。

しかし現実には、アラブ人にしてみれば、

「我々の聖地をユダヤ人の国家であるイスラエルから奪還しなくてはならない！」

という使命に燃えて、闘争が繰り返されることになる。

ただしそのような状況下に置かれると、アラブ諸国の中でも意見の対立が起きるのは人の世の常だ。

単純な言い方をすれば、アラブ諸国がイスラエルを攻めるにあたり、

「オレは、イギリスを味方につけて、右から攻めるべきだと思う」

「いや、左からのほうがいい。そのためにも、うちはソ連を味方につける」

「いやいや、アメリカを味方につけて、あくまでも正面突破だ！」

という具合に、意見が分かれるわけだ。

意見の対立は、アラブ国家間の対立につながるわけで、となれば、どの国も最優先課題は武器の購入ということになる。精密機器や工業機械、あるいは建設機材よりも武器の購入を優先するわけだ。

これはイギリスにしてみれば、青写真通りの混乱である。

彼らが最も恐れたのは、アラブ諸国が一つにまとまって西側に対抗する事態だ。それを防ぐために、イスラエルという混乱要素を植え込んだと考えればわかりやすいだろう。

産業の発達より軍備。

教育よりも軍備。

その結果、アラブ産油国の工業化が立ち遅れてしまう。産油国には膨大な額のお金が流入するわけだから、そのお金を国家の近代化に回せばいいのだが、武器の購入費用に化けてしまうのである。

武器を購入するとなれば、原油を売るか、原油の権利を渡すしかない。しかも、武器を供与する側にしてみれば、足元を見て、安価な値段で原油や採掘の権利を購入できる。結果的に潤うのはイギリスであり、同国の盟友アメリカだ。

イギリスはこのような権謀術数に長けた国なのだ。

もっとも、「我々はこのままではダメだ」として、過去、何人ものアラブの英雄たちが「アラブ統一」を叫んだ。それがエジプトのカリスマ指導者だったナセルであり、リビアのカダフィであり、イラクのフセイン、シリアのハーフィズ・アサドとその子供のバーシャル・アサドも「アラブ統一」を叫んだ。しかし、ことごとくが夢を阻まれている。

アメリカが中東に地歩を固めたきっかけ

イギリスはイランの原油を押さえた。同じヨーロッパのフランスはイラクの原油を押さえた。両国に後れを取ったアメリカが進出したのは、ペルシャ（イラン）と同じ湾岸に位置するサウジアラビアだった。

第一次世界大戦後の1933年、アメリカの国際石油資本「スタンダード・オイル・オブ・カリフォルニア（現・シェブロン）」の子会社がサウジアラビア国王のイブン・サウドとの合意書に調印し、毎年5000ポンドと、原油が出た場合にはその収入で返済することが条件の5万ポンドを貸し付けることにより、サウジアラビアにおける原油の利権を獲得したのである。当時は、国際通貨としてのポンドの信用性が高かったこともあり、ドルではなく英ポンドで取引されていたのだ。

その後、自国生産をする一方で、サウジアラビアでの産出を続けていたアメリカが大きく舵を切り、原油生産の中心を中東にシフトさせたのは、第二次大戦終了直前のことだった。自国の地質学者から、

「サウジアラビアには膨大な量の原油が眠っている。これからは、世界の原油生産の中心はペルシャ湾岸にシフトするだろう」

という趣旨の報告を受けたからだ。

１９４４年、アメリカはサウジアラビアに「アラビアン・アメリカン石油（通称・アラムコ）」を設立した。現在、保有原油埋蔵量、原油産出量、原油輸出量ともに世界最大規模を誇るサウジアラビアの国営石油会社「サウジアラムコ」の母体となった会社だ。

終戦を迎えた翌45年には、スエズ運河に停泊する米国巡洋艦「クインシー号」上で、アメリカのルーズベルト大統領とサウジアラビアのイブン・サウド国王が会談。原油に関する両国国家間の協力を約束した。さらに50年には、前出の米国企業「アラムコ」とサウジアラビア政府は「利益折半」の協定を結んでいる。

こうしてアメリカは中東における地歩を固めたのだった。

以来、アメリカとサウジアラビアの蜜月関係が続いている。

こうしてＯＰＥＣ（石油輸出国機構）が誕生した

やがて、豊富な油井を抱える中東諸国は、原油利権を押さえて暴利を貪る欧米諸国の石油メジャーに対して不満を抱くようになってきた。端的にいえば、

「もっと分け前をよこせ！」

「勝手に原油価格を決めるな！」

となったのである。

なかでも、とくに強硬な姿勢を見せたのは、イギリスが進出したイランだ。

１９５１年にイランの首相に就任したモハンマド・モサッデグは策をめぐらせ、この年、石油国有化政策を行った。つまり、イギリスの「アングロ・イラニアン石油」を国有化することにより、イギリスをイランから追い出したのである。

イランはアラブ人ではなくペルシャ人の国であり、古くから天文学や数学、哲学、建築などの分野が発達したことでもわかるように、中東諸国の中でもとりわけクレバーな民族だとされている。裏を返せば、一筋縄ではいかぬ人々で構成された国家だということ。権

謀術数に関しては、イギリスにひけを取らない。

このような動きが、結局は「欧米石油メジャーとの対決」をスローガンとして１９６０年に結成されたＯＰＥＣの誕生に結びつく。

同機構への参加を表明したのはサウジアラビア、イラン、イラク、クウェート、ベネズエラの５カ国。後にカタール、アラブ首長国連邦、リビア、アルジェリア、ナイジェリア、アンゴラ、エクアドルが加わり、計12カ国となった。

ＯＰＥＣの誕生により、産油国は、原油価格の決定権を欧米の「石油メジャー」と呼ばれる巨大企業から奪ったのである。

少なくとも第一次および第二次オイルショックの頃までは、このＯＰＥＣが原油価格決定権を握っていたが、前述したように、現在ではむしろ金融市場の動向が原油価格に大きな影響を及ぼすようになっている。

各国ごとに違う、原油価格の国家の採算ライン

話を現代に引き戻そう。

原油を産出するためにはそれなりのコストがかかるから、産油国といえども「ひたすら掘っていれば儲かる」というわけではない。

1バレルあたりいくらで売れば黒字になるかという採算ラインは国によって異なる。国家財政の原油への依存度が国によって違うし、人口によっても違うのだ。軍事費や社会福祉、雇用対策、さらにいえば政治情勢や経済情勢によっても違いは生まれる。

それらを加味したうえで、いくらで売れば国家財政が安定するかというボーダーラインを「財政収支の均衡価格」と呼んでいる。そして、財政収支の均衡に必要とされる原油価格は軒並み急上昇しているというのが近年の傾向だ。

その値は当然国によって異なるが、現在、その採算ラインが高く設定されているのがリビア、ベネズエラ、イラン、バーレーンという国々であり、イランを例に取れば1バレルあたり130ドルと推定されている（注・2015年予測）。

それに続くのがイラク、ロシア、サウジアラビアといった国々であり、ロシアは105ドル、サウジアラビアは89ドルといわれている。

逆にボーダーラインが低いのはアラブ首長国連邦、カタール、クウェートといった産油国だ。

アラブ首長国連邦の人口は約９００万人。同じくカタールが２１５万人。クウェートが３２０万人。人口だけを見ても、これらの国々の「財政収支の均衡価格」が低い理由がおわかりだろう。いうまでもなく、人口が少なければ必要に応じて国家予算の規模を縮小させ、健全財政を維持しやすいのである。

ここで、疑問を覚える方もいらっしゃるのではないだろうか？

サウジアラビアの均衡価格は１バレル89ドルである。それに、人口も３０００万人と決して少なくはない。それでありながら、今回の原油価格大暴落に際して、原油値上げに同意しなかったのはどうしてか？

理由は、前述したようにこの国には長年にわたって積み上げてきた７５００億ドル（約90兆円）もの外貨準備高、つまり貯金があるからだ。貯金を取り崩せば、当分の間は耐えられるのである。

大産油国どうしの〝持久戦〟の果てに……

スンニ派が主流であるサウジアラビアと、シーア派が主導権を握るイラン。両国ともに石油大国であることは間違いなく、長年にわたって中東地域での影響力を競い合ってきた。

そして両国ともに、「自分たちが原油に関する主導権を握り、その価格決定にある程度の影響力を持てば、自国の利益になる」と考えている。ここでいう「利益」とは財政面の利益だけでなく、「国家の安全面」におけるアドバンテージも含まれている。

今回、サウジアラビアがＯＰＥＣの総会で原油値上げに賛同しなかったのは、中東地域での影響力をイランよりも優位なものにしたいと考えたからにほかならない。一方、同盟国のアメリカには、ロシア潰しという思惑があり、アメリカ・サウジアラビアvsロシア・イランという対立構図が描かれたのは前述した通りである。

サウジアラビアの「財政収支の均衡価格」は原油1バレルあたり89ドル。同じくイランは１３０ドルである。原油安でより大きなダメージを受けるのはイランのほうだ。背景には人口の違い（注・サウジアラビア３０００万人、イラン７６００万人）がある。

軍事費の額そのものを比較すると、サウジアラビアのほうが高いが、その多くはアメリカに買わされる兵器の費用である。

「守ってやるから、兵器を買えよ！」

と押しつけられるわけだ。

ちなみに兵器の中には戦闘機も含まれているが、実はサウジアラビアには自前のパイロットが少なく、その多くはパキスタン人やインド人である。

高度な兵器を使用するためにはそれにふさわしい科学的知識が必要なのだが、サウジアラビアではそれが十分に補えないため、パキスタンやインドから戦闘機のパイロットを呼び寄せているというのが実情のようだ。

また、イスラム世界では汗をかく作業をする人を最下層と見る傾向がある。お金持ちがトップで、次が知恵がある者、そして力のある者と続き、肉体を使う仕事は一番下。そのため、軍人のような仕事は尊敬されにくいという風潮も関係していることだろう。

いずれにしろ、サウジアラビアの軍事費はアメリカの庇護を期待した安全保障の費用である。そして、仮想敵国はイランだ。

そのイランは多くの仮想敵国を抱えている。イラクという仮想敵国との緊張関係がいまだに続いているし、パキスタンとも危ない。イスラエルとの軍事的対立も視野に入れていなければならないし、何より、サウジアラビアとの対立もある。常時、最新兵器を備えておかねばならない立場だ。

サウジアラビアとしては、そんなイランの内情をよく心得ている。

だから、OPEC総会で原油値上げに賛成しなかったわけだ。

「均衡価格」が130ドルと、原油への依存度が高いイランにしてみれば、原油の低価格が続けば、戦争どころではなくなる。それは、ひいてはサウジアラビアの安定、中東の安定につながる。もっといえばイランの経済力がダウンし、福祉政策も手薄になる。その結果、国民の間に不満が鬱積し、再び革命が起きる可能性がある。サウジアラビアがそこまで考えたかどうかはともかく、望ましい展開であることは間違いない。

ことは、スンニ派とシーア派の対立だけではないのである。

仇敵アメリカとキューバの大接近

アメリカとキューバ大接近の背後にも石油が存在している。

まず、これまでのアメリカとキューバとの関係を駆け足でたどってみよう。

アメリカから約150キロしか離れていないキューバは、もともとはアメリカの実質的な保護国だった。

関係が冷え込んだのは、フィデル・カストロらによる「キューバ革命」(1953年～

１９５９年）がキッカケだ。

「貧しい農民や労働者たちの利益を代弁する政府」をスローガンにして革命を成功させたカストロは、その政策の一環として断行した農地改革の過程で、アメリカの企業を接収してしまったのである。

これがアメリカの逆鱗に触れ、対抗措置として、キューバの主要輸出品であり、国家財政の柱である砂糖の輸入を全面停止したのだった。

窮地に陥ったキューバに急速に接近したのが、社会主義国家の雄、ソ連である。

キューバに対して、

「砂糖を買いましょう。そのほかの経済協力も惜しむものではありません」

と救いの手を差し伸べたのである。

当時はソ連vsアメリカという「東西冷戦」の時代である。アメリカは、経済援助によって敵方のソ連に取り込まれたキューバとの国交を完全に断絶してしまった。１９６１年のことだ。

国交断絶というアメリカの措置に対し、キューバは名実ともに社会主義の国家となった。

アメリカにしてみれば、１５０キロしか離れていないところに社会主義国家が誕生したのである。時には両国の間に火花がはじけそうになったものだが、なかでも最大のものは1962年10月14～28日の「キューバ危機」だ。

ソ連がキューバ国内に核弾頭ミサイル基地を建設しようとしていることが明らかにされたのである。アメリカにしてみれば、まさに一大事！　即、戦艦と戦闘機でキューバを海上封鎖してしまった。この一触即発の危機は、ソ連がミサイル基地を撤去したためなんとか回避されたのだが、一歩間違えれば核戦争が起きていても不思議ではない事態だった。

その後、アメリカはキューバに対する経済制裁をより強化し、両国の冷え切った関係は現在まで続いていたのだが、2014年12月に突然、雪解けが始まったのである。

その背後にも「石油」が

2014年12月17日、キューバとアメリカは、まず互いの捕虜を釈放した。キューバ政府は、5年間にわたって拘束していたアメリカ人捕虜のアラン・グロス氏を解放。同じくアメリカ政府はキューバ人捕虜3名を解放したのである。

捕虜解放数時間後には、オバマ米大統領は次のような演説をしている。

「アメリカの外交政策で賞味期限があったとすれば、それはキューバ政策だ」

「過去のかたくなな政策は、アメリカ人だけでなくキューバ人にとっても役に立つものではない。これからは新たな序章が始まる」

国交回復宣言である。

これを受けてケリー国務長官は「キューバへの渡航や送金の緩和」「建築資材やモバイルなどのキューバへの輸出緩和」「テロ支援国家の見直し」など具体的な施策を発表した。

では、両国大接近の裏には何があるのだろうか？

キューバにしてみれば、前述のように、今回の原油大暴落に端を発した盟友ベネズエラの財政危機という背景がある。キューバは盟友関係にあったベネズエラから割安で原油を提供してもらっていたのだが、今回の財政危機によってそれがままならなくなるという危機感を抱き、なりふりかまわずアメリカに接近したのである。

では、アメリカのもくろみは何か？

狙いは、キューバの石油と見られている。

実は、キューバ周辺の海底には原油が眠っているのだ。

中南米をめぐるアメリカと中国のつばぜり合い

キューバも産油国であり、実際、掘削作業も行われている。

生産中の油田は、首都・ハバナに近い北部沿岸の陸上や浅い海底だ。ただし、掘削技術が劣るため、需要に供給が追いつかなくて、安価に供給してくれるベネズエラに頼っていたのである。

しかし、この国の周囲に広がる海底には、まだまだ手つかずの海底油田が眠っており、米国地質研究所による「未発見石油ガス資源評価」でも、キューバ北西部の海域や沖合には多量の原油ガスが埋蔵されていることが確認されている。

その事実は世界的に注目されていて、キューバの海底油田探査のための掘削はすでに2012年2月から開始されている。

そして海底油田探査のための掘削にはスペイン、ノルウェー、ベトナムなどとともに、実は中国とロシアが参画しているのである。

アメリカにとってとくに見過ごすことができないのは、ロシアもさることながら中国の参画だろう。

というのもこの国はベネズエラに対し、過去10年で約500億ドルを融資しているし、エクアドルにも50億ドル超の信用供与枠を与えているのだ。

ベネズエラ、エクアドルといった中南米諸国は、アメリカにしてみれば「裏庭」である。中国はその裏庭を押さえようとしているのである。

アメリカは、

「そのうえ、キューバまで……」

という危惧を抱いたとしてもおかしくない。

つまり、キューバとアメリカの大接近の裏側には、原油をめぐる両国の思惑があるということだ。

このように、一見理解に苦しむ国際情勢も、戦略物資である「石油」を通して俯瞰すればよく見えてくる。

石油は、領土問題にも大きな影響を及ぼしている。

日本と中国間の尖閣諸島問題や日韓の竹島問題、あるいは次項で解説するイランとアラブ首長国連邦の間の領土問題などは、まさにその典型だ。

世界各地の領土問題を長引かせているのも石油

イスラエルとパレスチナの領土問題に見られるように、人々が居住する陸地の場合、ひとたび「領土問題」が発生すると解決が長引くのは想像に難くないが、海上に浮かぶ島をめぐる領土問題もまた、解決が困難になるケースが増えてきた。

島といっても、そこが耕作に適していて、水源があるような場合は別だろうが、耕作に適した土地も水源もないような場合は、これまでは領有権がほとんど問題にならなかった。ところが、その海域に天然ガスや原油といった天然資源が眠っているとなれば話は別だ。尖閣諸島しかり、竹島しかりである。

皆さんにはあまりなじみのない島だと思うが、ペルシャ湾に「アブー・ムーサ島」「大トンブ島」「小トンブ島」という三つの島が浮かんでいる。このうち大小のトンブ島は無人島だ。実はこの三島をめぐり、アラブ首長国連邦とイランの間で領土問題が繰り広げられているのである。

現在のところ、この三島に関してはイランが実効支配しており、なかでもアブー・ムー

(図表9) ペルシャ湾を挟んで繰り広げられる領土問題

サ島にはミサイル基地が構築されている。アラブ首長国連邦は、

「あの三つの島は、本来はアラブ首長国連邦のものなのに、1971年以来、イランが勝手に実効支配している。けしからん!」

と主張していて、解決の糸口さえ見えない状況だが、イラン側は完全に無視したままだ。となれば、残されているのは軍事力による解決だが、イランの圧倒的な軍事力の前では、アラブ首長国の軍事力ではなす術《すべ》もない。それでもアラブ首長国連邦は、

「あれはやっぱり、うちの島だ!」

と主張し続けている。

それもこれも、三つの島の周辺に海底資源が眠っているからにほかならない。

それだけではない。

アブー・ムーサ島に構築されているイランのミサイル基地は、ペルシャ湾を航行する大型タンカーの航行を監視できるのである。監視できるということは、いつでも攻撃できるということであり、これは湾岸諸国から石油やガスを輸入している国々にとっては大きな脅威である。

イランがアブー・ムーサ島に軍事基地を設けてから、すでに数十年の歳月が流れている。ということは、その設備はかなり充実したものになっているはずで、アラブ首長国連邦が、

「あれはうちの島だ！」

といくら叫んでも、手放すはずがない。

アラブ首長国連邦にしても、周囲に天然資源が眠っていることがわかっているので、容易にあきらめることはできない。

結局は原油の存在が領土問題を長引かせているのである。

第5章　石油争奪戦の裏側で
——日本を導いている「一本の線」

◆「石油」というフィルターを通すと見えてくる世界と日本の真実

アラン・ドロンが二流で、ベルモンドが一流？

アメリカが発する「論文」は、時として将来の世界情勢を見渡すうえでの重要なヒントを暗示していることがある。

まずはアメリカの国際政治学者、サミュエル・P・ハンチントンが1996年に著した『文明の衝突』が挙げられよう。

彼はイエール大学を卒業後、米陸軍に勤務。ハーバード大学の「ジョン・オリン戦略研究所」所長を務めたあと、1977年から1978年にかけて、アメリカの国際安全保障会議で「安全保障」を担当したという経歴の持ち主である。経歴でおわかりのように、アメリカ政府の意向を代弁する国際政治学者だと考えていいだろう。

彼は著書の中で、「イスラム教文化とキリスト教文化の衝突」を描いているのだが、中東地区の各種の紛争を見るにつけ、現実はまさにその通りになってきていることがわかる。

直近ではパリの新聞社「シャルリー・エブド」襲撃事件が挙げられよう。あの事件の直接の引き金になったのはムハンマドの風刺画だったが、背景にはフランスのかつての植民地政策が影を落としている。

アフリカ大陸の北西部、いまでいえばモロッコ、アルジェリア、チュニジアの三国を「マグレブ圏」と呼ぶが、あの一帯はかつてフランスの植民地だった。そのマグレブ圏からの移民（注・多くはイスラム教徒）が次々にフランスに流入し、2世、3世を含めたその数は、現在500万人とも600万人ともいわれている（フランスの人口は約6600万人）。

これら移民の人々の多くは社会の底辺に置かれ、差別を受けている現実がある。

たとえば、ドアに「求人」の貼り紙がある店であっても、

「雇ってほしい！」

と応募して、出自を告げたとたんに、

「うちは、人手は足りてるよ！」

と断られてしまうことが少なくないのである。

1960年から1980年にかけて、「美男」の代名詞のようにもてはやされたアラン・ドロンという俳優がいた。彼は日本では大スターだったが、フランスではなぜか二流の俳優とみなされたという。アルジェリアからの入植者の子供だったからだ。

同時代のスターにジャン・ポール・ベルモンドという男がいて、こちらは「美男」とは

ほど遠いルックスだったが、フランスでは一流の大スターだと評された。なぜなら、彼は生粋《きっすい》の「パリっ子」だからだ。フランスはヨーロッパ諸国の中でも差別意識が非常に強い。

そんな背景のあるフランスで、不満を鬱積させた若者が、「ジハード（聖戦）」の大義のもと、新聞社を襲撃した。

その事件をキッカケに、同国では「民族主義」が台頭し、イスラム教徒排斥運動が盛り上がりを見せている。そしてドイツやイギリスでも同様の風が吹き荒れている。そうなれば、イスラム教徒も、そしてイスラム諸国も黙ってはいない。新聞社襲撃事件が、ハンチントンの著書に見られる「イスラム教文化とキリスト教文化の衝突」をさらに激化させる可能性があるということだ。

「ニュー・ミドルイースト・マップ」は中東の再分割構想？

私が興味を抱いたアメリカ発の論文の一つに、2006年にアメリカの退役将校であるラルフ・ピーターズ中佐が『アームド・フォーシーズ・ジャーナル』誌上で発表した「ブラッド・ボーダーズ（血塗られた国境線）」がある。

この論文にはアメリカの中東戦略が記されていて非常に興味深いのだが、私がとくに注目したのが、本文中に掲載されていた「ニュー・ミドルイースト・マップ」と題された地図である。

この地図を見ればわかるように「BEFORE」と「AFTER」の2種類の地図を示し、「やがて中東諸国の国境線はこう変わる」と具体的に紹介している。

その「AFTER」の地図によると、たとえばイラクは「クルド国家」「スンニ国家」「シーア・アラブ国家」「バグダッド国際都市国家」の四つに分割されているし、サウジアラビアは湾岸産油地帯がサウジアラビアから切り離されて、新たなシーア派の国家が誕生している。

これを、一退役将校が勝手に思い描いたもの、と切り捨てるのは早計だ。なぜなら、その後のアメリカ政府の中東諸国への実際の戦略や、この地域で起こった変化をつぶさに見ていくと、ラルフ・ピーターズ氏が書いた論文とかなり一致していることに気がつく。政府が書かせたものではないにしても、多くの政府の高官に強い関心を持って読まれる内容だったと見ることができるだろう。

つまり、ベトナム戦争の失敗に懲りたアメリカは、「一国支配」から「局地支配」に切り替えた。国家を分断したうえで、自分たちが本当に欲しい地域だけを支配しようという戦略に出たのである。その地域とは、改めていうまでもなく「主要産油地帯」である。

その後、2008年にはアメリカを代表する戦略家であるアンドリュー・マーシャルらが「アメリカが予測する2025年のアジア」という長期戦略レポートを発表したが、この論文を併せ読むとアメリカの長期戦略がよくわかる。

たとえば、パキスタンから西南部のバルチスタン地方を切り離して独立国家にする、パキスタンを二つに分けインドとイランに併合させる、結果的にカシミールはインドと中国が直接国境を接するようになる、といったことが「予測」されている。

現時点で、国家を分断しアメリカの必要な部分だけに強い影響力を持つようにしている事例は、イラクのクルド地帯（自治区）やリビアの東部などだが、今後はサウジアラビアのアルカティーフ地域も分断される可能性があろう。

シリアも同様に南北と地中海沿岸の小さな地域に分けられる可能性が高くなってきている。

このように、アメリカという国は、将来的な青写真を描き終えると、何らかの形でいったんカードをオープンにして見せるところがある。後々その変化が起こったときに、あた

(図表10) 中東の再分割構想か？「ニュー・ミドルイースト・マップ」

現在

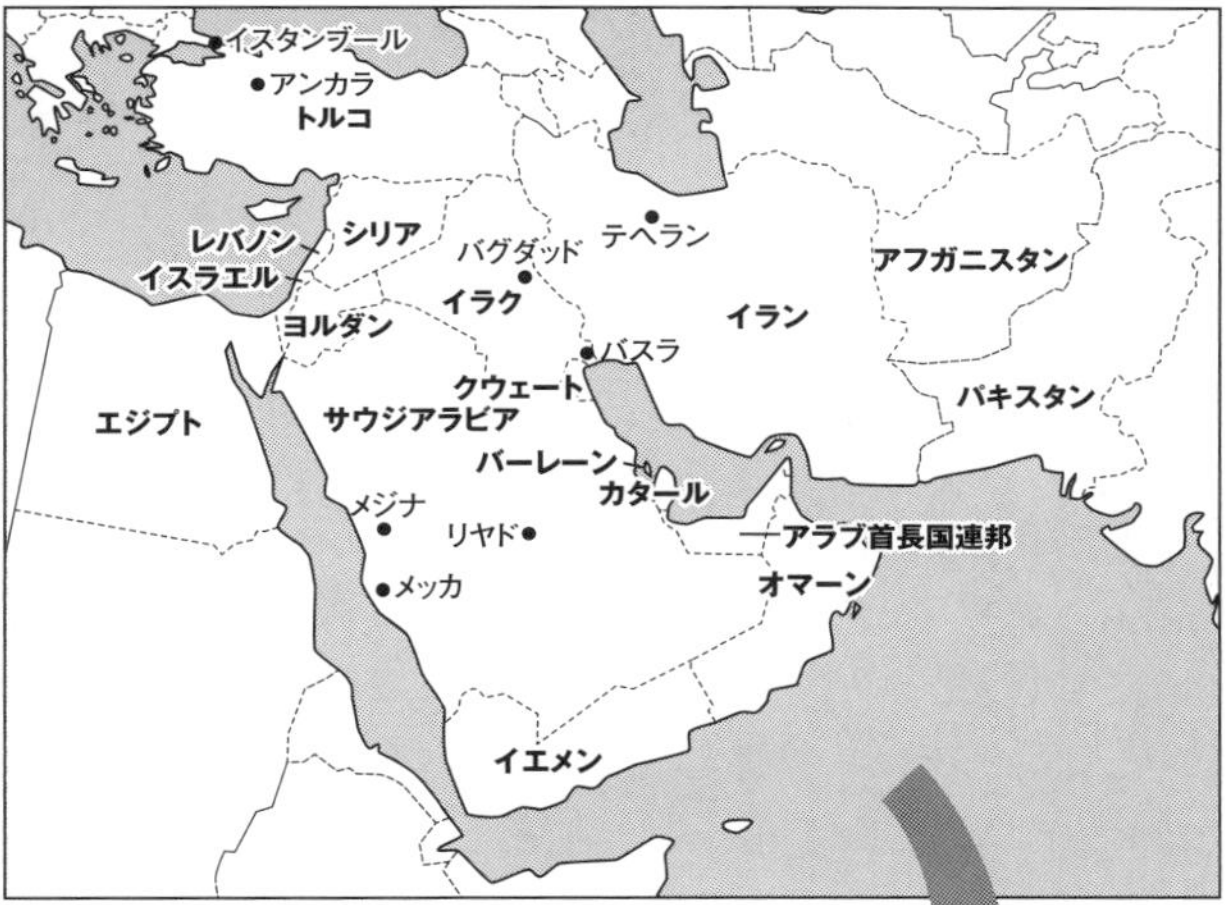

新たな国境線

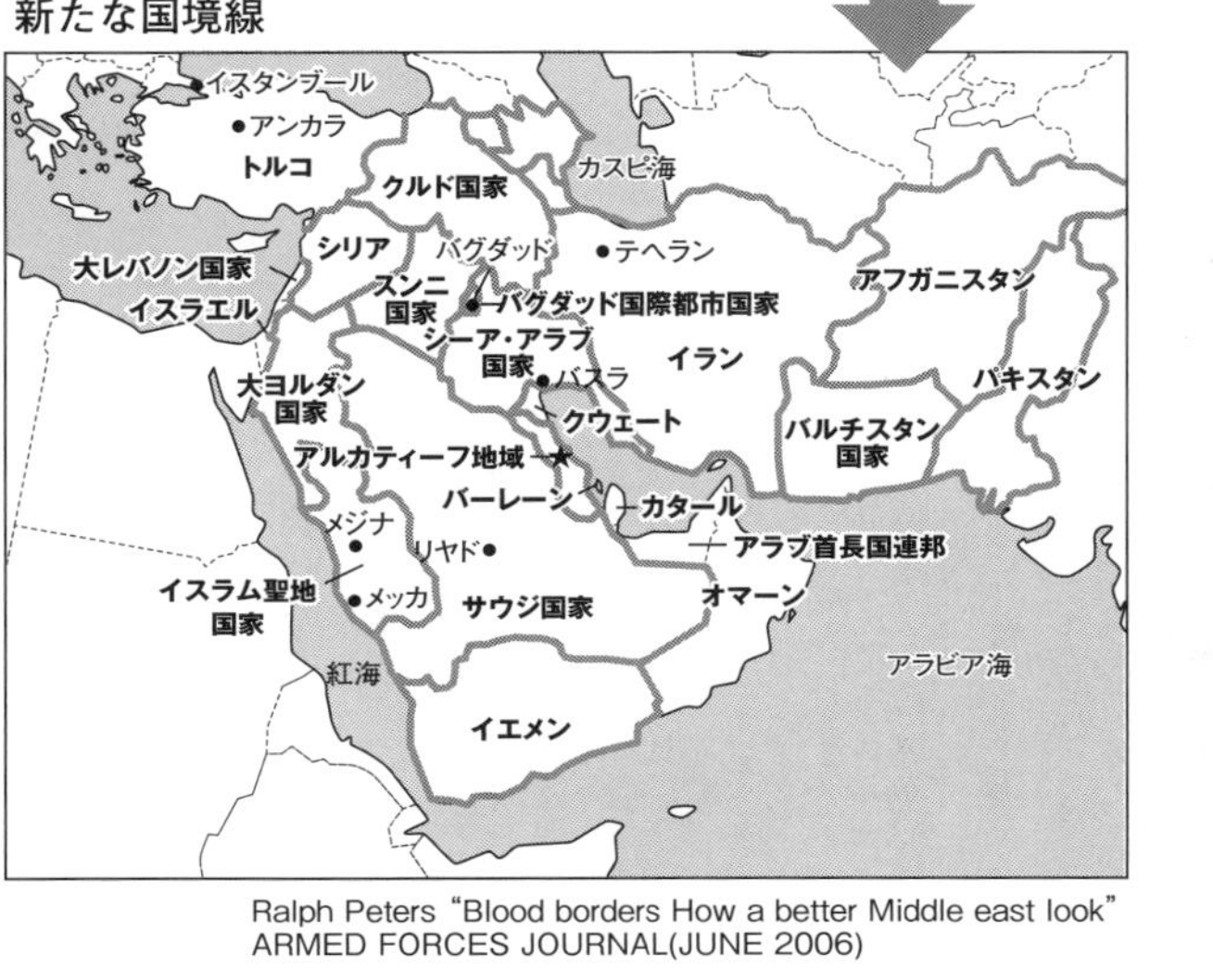

Ralph Peters “Blood borders How a better Middle east look”
ARMED FORCES JOURNAL(JUNE 2006)

かもそれは予測されていた必然的な流れだったといえるように、という思惑なのかもしれない。

イラク、シリア…現実は構想通りに進んでいる

自著やブログを通じて、私がこの「ニュー・ミドルイースト・マップ」を紹介した当初は、関心を寄せる人は少なかった。それどころか、「荒唐無稽な笑い話だ！」と切り捨てる識者がいたのを覚えている。

しかし、現実に展開されているのは「ニュー・ミドルイースト・マップ」の青写真に沿ったストーリーである。

発火点となったのは、本書でもお伝えしたように地中海に面した小国チュニジアだった。そのジャスミン革命によって、２０１１年１月にベン・アリ政権が崩壊。火の手はまたたく間にエジプト↓リビアへと広がった。

その後、アメリカの代理戦争を引き受けたＩＳの跳梁跋扈にともない、イラクとシリアでも内乱が起き、イラクでいえばイランと最も親しい関係であったマリキ首相が混乱の責

任を取る形で辞任し、新たに親米政権が誕生している。

そのイラクは、先の「ニュー・ミドルイースト・マップ」をなぞるかのように、「クルド地域」「スンニ派地域」「シーア派地域」に三分割され、同じくシリアも事実上、南北に分断された。

この中でイラクのクルド地帯は豊富な原油の産地として知られているし、シリアの北部にも油田がある。直接的、間接的にかかわらず、ここを支配することの「うまみ」はいうまでもないだろう。

アメリカの代理戦争を引き受けたともいえるISは、いま、リビアでその勢力を拡大しており、やがてはリビアも東西リビアと南部のフェザーンに分割される可能性がある。アメリカをはじめとする欧米主要国が欲しいのが、油田地帯のリビア東部である。ここの原油は、軍用機に欠かせない高性能カーボン繊維の製造にも適した、超良質なものであることは前述した通りだ。

中東地域の新たな枠組み作りの流れは、サウジアラビアにも飛び火するかもしれない。

広大な国土を持つサウジアラビアだが、油田地帯は北西部のペルシャ湾岸地域に集中している。一方、イスラム教の二大聖地であるメッカ（預言者ムハンマド生誕の地）、メジナ（ムハンマドの死没の地）は、東部の紅海寄りにある。

アメリカをはじめとする欧米主要国にとって重要なのは、当然ながら油田地帯である。なかでも北西部のアルカティーフ地域は、スンニ派国家のサウジアラビアの中にあって、シーア派が多数を占めることも前述した通り。そこで、このアルカティーフ地域と、イスラム教の二つの聖地を有するヘジャーズ地域、そして従来のサウジ国家の三つに分かれる(分かれさせられる)可能性があるのだ。

それがまさに「ニュー・ミドルイースト・マップ」に描かれた新・中東国境線である。そして、イラクやシリアを見るかぎり、このことが現実になってきているということ。荒唐無稽な笑い話と一蹴できないリアリティを持っていないだろうか。

もし、そうだとするならば、アメリカは従来のように一つの国家全体を支配するのではなく、国家を分断させ、部分支配する時代に入ったといえそうである。

中国のウイグル自治区にアルカーイダが入り込んだ狙い

ＩＳやアルカーイダがリビアの次にターゲットとするのは中国ではないか、という情報もある。

ご存じのように中国はGDP世界第2位の経済大国であり、「近年中にアメリカを追い抜くのではないか」という予測もあるほどに、第1位のアメリカに肉薄している。

かつての日本がそうだったように、こういうときが狙われやすい。

1980年代、日本が世界一の経済大国になるのではないかと騒がれたときの、強烈な「日本バッシング」を覚えている方も多いのではないだろうか？

1987年には東芝機械がココム（対共産圏輸出統制委員会）の協定に違反したということで、ホワイトハウスの前で東芝製のラジカセやテレビをハンマーで叩き壊すというシーンが世界に向けてオンエアされたし、また、日本の捕鯨に反対するという名目のキャンペーンの一環として、日章旗が燃やされ、日本製乗用車をハンマーで壊すといった行動が繰り広げられた。

では、中国はどんな形でターゲットになるのか。

中国の抱えるアキレス腱の一つに民族問題が挙げられる。漢民族が支配する中国だが、50以上もの少数民族がいる多民族国家でもある。

なかでも、中東と関係が深いのが、中国政府の弾圧を受け続けているウイグル族だ。

ウイグルは豊かな石油・天然ガス資源を持つ中央アジアにつながる地区であり、何より彼らの多くはイスラム教徒である。その一部の若者たちはシリアやイラクの戦場でIS、アルカーイダをはじめとしたイスラム過激派組織の一員として戦っている。彼らの中には、当然、母国であるウイグル自治区にUターンする者もいる。そこに他国のメンバーが合流し、ウイグルのイスラム教徒たちを扇動すれば、この地に革命の火の手が上がることは否定できない。

「アラブの春」のように、その火の粉はあっという間に周囲に広がる。チベット族が蜂起するし、コリアン（朝鮮人）、マンチュリアン（満州人）、モンゴリアン（蒙古人）も蜂起する可能性がある。そうなれば、さしもの中国もコントロールするのが難しくなり、中国は「新疆《しんきょう》ウイグル系」「朝鮮系」「満州系」、そして「漢民族系」の四つの国に分断され、結果的にその経済力は弱まることにつながる。そんなシナリオが描かれていたとしてもおかしくない。

参考までに、私はこの四カ国に「チベット系」と「蒙古系」を加えた六カ国に分断される可能性もあると予測している。

いまの中国政府の強権的な支配力を見ると、「そんなことは絵空事だ」と思われる方もいるかもしれないが、私が入手した情報によると、すでにアルカーイダやISのメンバーがウイグル自治区に入り込んでいるのは間違いないようだ。

世界最大規模のダムを擁する中国の水力発電事情

では、その中国のエネルギー事情はどうなっているのだろうか？

長江（揚子江）、黄河といった大河が流れるこの国からは、まずは「水力発電」が連想されるが、実際、この国は世界一の水力発電設備を有している。あちこちに水力発電所があるということだ。

なかでも、長江三峡でも最も下流にある西陵峡の半ばに建設された「三峡ダム水力発電所（1993年着工、2009年完成）」は2250万kwの発電が可能な世界最大の水力発電ダムである。

しかし、日本でも報じられたように、このダムには問題点が多い。

たとえば住民の強制移住。着工前は移住住民の対象は84万人だったが、2007年12月の時点で140万人が強制移住させられ、さらに2020年までにさらに230万人が退去させられることになっているという。しかも退去させられた「三峡住民」の多くは満足な補償を得られないまま貧困層の一員に追い込まれており、社会問題になっている。

ダム湖斜面や周辺地域の地滑りや崖崩れも懸念されているし、ダムを原因とする長江流域や、それが流れ込む黄河の水質汚染も問題となっている。三峡ダムの水没地や周辺地域からの汚染物質や大量のゴミの流入により水質が悪化し、アオコが大量発生し、生態系への悪影響が見られるのである。

さらには、蓄積された水の重さにダム近辺の岩盤や地質が耐え切れずに、地震を誘発するのではないかという懸念も高まっている。

同様の懸念はほかのダムにも共通することであり、となれば、中国の水力発電が今後さらに増大する中国のエネルギー需要に応えるとは考えにくい。

では、石炭はどうか？

石炭エネルギーに頼れなくなってきた中国

この国は世界でも有数の石炭産出国であり、世界の石炭の約30％を生産している（注・2013年データ）。

露天掘りで掘られるため生産コストは低いのだが、安全対策が十分になされていないため落盤事故が多く、世界の炭鉱事故の約80％を中国が占めるとされている。石炭１００万トンあたりの死亡率は３人というデータがあり、この数値が事実だとすれば、落盤事故による死亡率はアメリカの１００倍あまりということになる。

この国はまた世界最大の石炭消費国であり、世界の50％以上を消費している。石炭火力発電所は２００基以上あるが、それでも急増するエネルギー需要に応えられず、増設が盛んに行われているそうだ。

石炭で怖いのは、なんといっても大気汚染だ。

とくに中国は大気汚染が深刻な社会問題となっていて、北京や上海といった大都会はどんよりした薄茶色のスモッグに覆われ、交差点の先の信号さえよく見えないというひどい状況だ。

大気汚染の中でもとくに問題視されているのはＰＭ２・５と呼ばれる浮遊微粒子で、これを防止するために、外出時はマスクを手放せない市民の姿がメディアでたびたび報じられている。

ＰＭ２・５の最大の排出源は石炭である。世界最大の石炭消費国である中国はその被害から免れるはずがなく、中国における大気中の濃度は９００ＰＰＭと、ＷＨＯ（世界保健機関）の基準の40倍に達している。大気に国境線はなく、中国の大気は世界とつながっているわけで、その環境汚染は世界的な脅威なのである。

地球温暖化という視点で見ても、中国は世界の二酸化炭素の30％を排出している。これはアメリカの２倍を上回る90億トンという分量であり、しかもその量は年々増加している。世界的に環境政策が重要視されているいま、中国はいつまでも大気汚染の素となる石炭に依存し続けることはできない。

となれば、頼りにするのは、やはり「石油」である。

大産油国でもある中国が「それでも」石油を欲しがる理由

中華人民共和国が誕生した１９４９年の同国の原油生産量はわずか7万トンあまりで、その大部分は甘粛省《かんしゅくしょう》の玉門《ユーメン》の油田で生産されていた。ちなみに甘粛省というのは中国北西部に位置し、省都は蘭州市。いまでも「玉門油田」や「蘭州石油化学工場」といった石油関連の施設があるところだ。

それが現在ではアメリカ、ロシア、サウジアラビアに次いで世界第4位の原油産出国となっており、1日あたり418万バレルもの原油を産出している（注・2013年）。

余談になるが、1966年から68年にかけて全土で繰り広げられた文化大革命の折、毛沢東の政策を支持した若者たちで結成された「紅衛兵」は油田でも働いたそうだ。実に献身的な働きぶりであり、掘削時の事故によってパイプから油が漏れたときには自ら油井に飛び込み、身を挺して油漏れを防いだ。その様子が「勇敢な紅衛兵」という見出しで、写真入りで報じられたという逸話も残されている。さまざまな犠牲をともないながら、この国の原油は開発されたということだ。

その結果、世界でも有数の産油国となったわけだが、急速な経済発展を遂げたために需要が供給に追いつかず、1993年以降は原油の純輸入国になっている。

2013年の中国の石油消費量は、アメリカの1888・7万バレルに次いで第2位の1075・6万バレルに達し、第3位の日本の455・1万バレルを大きく引き離している。ノドから手が出るほどに原油が欲しい国なのである。

南米の産油国エクアドルにも進出

前章で触れたように、原油安で財政破綻の危機に陥ったベネズエラに対し、中国は2000億ドルの融資を約束した。過去10年間で500億ドル近くを融資しているにもかかわらずだ。狙いはもちろんこの国に眠る原油である。

同じく財政難に苦しむ南米の産油国エクアドルにも約50億ドルの融資を行っている。そして中国はこの国の政府に対し、

「借金は原油とレアメタルで返せ！」

と要求している。

背に腹は代えられぬエクアドル政府は、中国の要求に応じるべく、ついにアンタッチャブルの領域にも手をつけてしまった。

同国内を流れるアマゾン川源流に位置するヤスニ国立公園である。この公園には9億バレルの原油が眠っていることが知られていたのだが、一方で豊かな生態系が保たれていることでも知られており、ユネスコの生物圏保護区に指定されていることもあって、エクア

ドル政府は開発の対象にはしてこなかったのである。

ところが、中国政府からは、

「原油とレアメタルで返せ！」

という矢の催促。エクアドルとしては致し方なく、2013年の夏に、同地区の開発を許可すると発表したのだった。

国内の世論調査では、この決定に対して国民の80％が反対したが、結果的にエクアドル政府は中国の圧力に負けて、アンタッチャブルだった国立公園の原油に手をつけてしまったのである。

そのエクアドルに対し、中国政府は2015年初頭にも50億ドル超の信用供与枠を与えている。

中国はアフリカの石油も狙っている

中国とアフリカ諸国間の貿易額は2000年以降、右肩上がりで増加している。中国が輸入しているのは原油、天然ガス、鉄鉱石、銅、プラチナ、ダイヤモンド、マンガンといった天然資源だが、なかでも圧倒的に多いのが原油であり、輸入の4割以上を占めている。その原油の輸入国としてはアンゴラ、南スーダン、コンゴ、アルジェリア、ナイジェリアなど十数カ国が挙げられる。

中国はエネルギーの安全保障を考慮して、なるべくならオイルメジャーなどの西側資本の世話にならずに独自の原油調達先を確保する政策を重視しているため、アフリカ諸国に注目しているようだ。

一方のアフリカ諸国にしてみれば、シェールガス・オイルとの競争もあることだし、なるべく輸出先を多角化したい。その意味でも中国のアプローチは歓迎なのである。

アフリカ諸国には、採掘現場から港湾などに原油を運ぶアクセスインフラが整備されていないところが多いため、中国は「対アフリカ開発援助」という形で、道路をはじめとしたインフラ整備を急ピッチで進めている。

主流は「パッケージ型プロジェクト」だ。

これは、無償援助や無利子借款という形で援助資金を提供。現地のインフラプロジェクトを中国企業が主体となって受注し、建設するというやり方だ。つまり、無償援助や無利子借款で提供した資金が、中国企業を経由して自国に還流されるということ。かつての日本も、ＯＤＡ（政府開発援助）で似たような指摘を受けたこともあったが、中国という国はそれよりはるかに強引、かつ、したたかなのである。

アラブ諸国で中国の評判が芳しくないのはなぜ？

友人のアラブ人ビジネスマンに聞いた話だが、彼は当初、「中国人、韓国人、日本人はみんな同じ」と思っていたそうだ。正確にいえば、「中国人と日本人はやさしい。けど、韓国人はちょっといばりたがる。それでも、まあ、みんな同じだよ」という評価だったということだ。

ところが、この三つの国のビジネスマンと実際に付き合った結果、評価がガラリと変わった。「中国という国も、中国人もひどい！」という評価に変わったそうだ。

「最初こそ人当たりがいいけれど、実際にビジネスが始まると、しだいに尊大で傲慢な態度でビジネスを進めるようになる。そして、ハッと気づいたら、仕事もモノも根こそぎ持っていってるんだよ！」

友人は吐き捨てるようにいうと、苦々しげな表情を浮かべるのだった。

たとえばラマダン（断食）のときに使用するランタン。イスラム教徒たちは断食中には軒先にランタンを吊るす習慣があり、どの国でもランタンは地場産業の一つだった。ランタン職人たちは、ブリキやガラスに色を塗ったり、色紙を貼ったりして、それぞれのランタンを作っていたものだ。

ところが、ハッと気づいたら、メイドインチャイナのプラスチック製のランタンが入ってきて、市場をかっさらっていってしまった。おかげでアラブのランタン職人たちは仕事を失ってしまったというのである。

ランタンだけではない。

シャツやジーンズなどの衣類も、靴もバッグも、ライターも水パイプも、アラブ地区では市場を根こそぎ持って行かれて、労働者は悲鳴を上げている。おそらくはアフリカの原油も、表面的には「共同開発」ということになっているものの、気がついたときにはその利権を根こそぎ持って行かれるという事態が生じるかもしれない。

しかも、メイドインチャイナは総じて品質が劣る。安いのは安いが、すぐに壊れてしまうというのが共通した欠点だ。

これは原油の掘削技術に関しても同じだ。

実際、イランやイラクは、中国との石油掘削契約の一部をキャンセルしているほどだ。それは石油が出てこなかったり、中国がなかなか掘削を始めないことが理由。それもこれも中国の石油開発能力の低さに起因にするのだが、アフリカ諸国との間でも同じようなことが起きているようだ。

ということは、アメリカは結局、安泰だということになるのだろうか？

アメリカの戦争の仕方が変わった

アメリカはかつてのベトナム戦争で大量の物資とお金と人員を注ぎ込み、多大な犠牲を払って、最終的には戦争に負けた。しかし、あの大国には学習能力があるわけで、「では、どうすれば注ぎ込む物資を減らし、犠牲者も少なくてすむか？」と考えた。その結論の一つがイラク戦争で見られた。

あの戦争では、アメリカは軍事偵察衛星と人工頭脳を備えたミサイルを使い、またイラクサイドの電波をすべて阻止してしまうことにより、一方的な勝利を収めたのである。

次がイスラエルが前面に立った「ガザ戦争」。おそらくはアメリカに呼応して実行した

のだろうが、まずは軍事偵察衛星で、

「あそこに何か重要施設らしきものがあるな」

と発見。そこにドローン（無人機）を飛ばして、より鮮明な画像を入手。そのデータを本部に送り、本部はそのデータをミサイルに積み込んで、ターゲットに向けて飛ばした。この手法で戦争はアッという間に完結してしまったのである。

イラクのサダム・フセインは何もできなかったし、ガザではハマースがガタガタになるまでやられたのは、ご存じの通りだ。

その様子を傍《はた》から見ていたのが中国とロシアである。

「アメリカは戦争のやり方を変えたぞ」

とびっくりし、あわててイスラエルに接近。

「ドローンとドローンの技術を買いたい。なんとかお願いしたい」

そう申し出た。ところがユダヤ商人の国イスラエルはなかなかしたたかだから、ほんの一部は渡したとしても肝心な部分は渡さない。

そんなとき、イランでドローンが無傷の状態で捕獲されたため、それをイラン国内で分解した。それが友好国のロシアに行ったかといえばさにあらずで、イランはイランでカードのすべてをオープンにしなかったのである。

結局、ロシアはロシアでドローンを開発し、中国も独自にドローンを開発した。

ただし、それはアメリカやイスラエルが作っているドローンと比べると、かなり性能が劣る。アメリカ製の最大のポイントは電子頭脳もカメラも「メイド・イン・ジャパン」だという点にある。その高性能ぶりはロシアや中国の追随を許さないのである。

友好国・日本のサポートを得て、アメリカは世界の兵器市場をリードしている。

同床異夢のＩＳ戦闘員たち

新しい戦争のパターンを開発して強大な軍事力を持ったアメリカは、今後も世界の盟主であり続けることができるのだろうか？　世界はアメリカの思惑通りに動くのだろうか？

実はアメリカには頭痛の種がある。

その一つがＩＳの存在だ。

たびたび述べているように、ＩＳは「タリバン」「ムジャーヒディーン」「アルカーイダ」「ヌスラ戦線」などと同じようにアメリカが作った戦闘集団であり、彼らは必ずしもイスラム的な組織ではないと考えるべきではないか。

イランやイラクなどの国営放送を通じて、イラクの軍幹部がアメリカはＩＳに対して武器・食料・医薬品を提供していると非難している。アメリカによるＩＳ空爆は１％ぐらいしかダメージを与えていないと評する軍事専門家の話も紹介されている。

これらの集団の中では新参者のＩＳは、豊富な資金と巧みな宣伝・広報活動によって、世界中から戦闘員を集めた。アラブ・中東地区はもちろんのこと、ヨーロッパからも東南アジアからも若者たちが参集している。

参加の動機はさまざまだ。

もちろんジハード（聖戦）の大義のもとに参加した敬虔《けいけん》なイスラム教徒もいるが、なかには、仕事がなくて食べていけないから出稼ぎ気分でＩＳのリクルートに応じたという者もいる。なにせＩＳのメンバーになれば一定額の俸給が支払われるし、戦死すれば遺族に弔い金が渡されるのである。そのため、家族を引き連れて参加している者もいるほどだ。

あるいは、「とにかく人を殺したい」という殺人狂もいれば、「ＩＳで武器の扱い方と爆弾の製造法を学び、自国に戻って体制をぶっ壊したい」という過激思想の持ち主もいる。かと思えば、「ドラッグと女が目的だ」という享楽型もいる。まさに同床異夢であり、それぞれが考えているゴールが違うのである。

　ということは、彼らがそれぞれの国に帰国した場合、アメリカの意に沿わない行動をする危険性があるということになる。これがアメリカの抱える頭痛の種の一つになっている。

アメリカはパンドラの箱を開けてしまったのか

　パリの新聞社「シャルリー・エブド」襲撃事件以来、フランスでは移民排斥や反イスラム主義を唱える極右政党「国民戦線」が勢いづいている。ドイツでも街中にはナチスの「ハーケンクロイツ（鉤十字《かぎじゅうじ》）」が目に付き、ナショナリズムが高まりを見せている。また、ベルギーも同様だ。

　ＩＳをはじめ、アメリカが作ったイスラム過激派組織が、ヨーロッパ各国に強烈な民族主義の高まりを生み出しているのだ。

　民族主義が高まるということは、とりもなおさず「アメリカのコントロールが利かないヨーロッパになる」ということである。アメリカの立場でいえば、ヨーロッパ諸国がアメリカの利益に反する行動を取るリスクが高まっているということになる。

また、民族主義の高まりはヨーロッパ各国間の対立を生む。となれば、ヨーロッパは混乱状態となり、ヨーロッパ経済は大きく落ち込んでしまうはずだ。

中国という国は、経済成長を年率8・5％で維持しなければ国家運営が成り立たない構造になっているのだが、現実は7％程度にまで落ち込んでいるとあって失業者があふれ、内情は火の車である。ロシアの国家財政も、原油大暴落によって崩壊寸前だ。ここでヨーロッパの経済が凋落すれば、「アメリカは一人勝ちではないか！」という見方ができるかもしれないが、世界経済の図式はそれほど単純に描けるものではない。世界経済は一国の状態だけで回っているわけではなく、互いに売ったり買ったりという行為を繰り返しながら循環しているのである。つまり、アメリカの一人勝ちという図式は成り立たないということだ。

実は私は、今回のヨーロッパにおける民族主義の高まりが世界恐慌をもたらす危険性があるのではないかと危惧している。

ロシアがダメ、中国がダメ、これでヨーロッパがダメになり、やがてヨーロッパのいずれか一国が破綻すると、世界中に負の連鎖が広がる。１９２９年のアメリカ発の世界大恐慌のあとに世界大戦が勃発してしまったように、恐慌は戦争につながりかねない。

ヨーロッパにおけるイスラム排斥運動がこれ以上の盛り上がりをみせると、「石油」という強力な武器を携えているイスラムサイドも黙っているはずがなく、世界恐慌、そしてそれに続く第三次世界大戦がないとはいえない状況だ。イスラム教vsキリスト教の対立。まさに文明の衝突である。

アメリカは、ISという戦闘集団を作ったことにより、もしかしたらパンドラの箱を開けてしまったのかもしれない。

日本が敷設したい新たなパイプラインルート

そのような状況下にあるいま、日本はどう動けばいいのだろうか?

1973年のオイルショック当時、日本の中東諸国に対する原油依存度は75%程度だったが、いまやこの数値は大きく跳ね上がり、80%以上になっている。

原油の輸入先を分散したほうがリスクは少なそうなものだが、現実問題として、大量に、しかも安定的に購入が可能であるということから、日本は中東の中でも湾岸諸国からの輸入を主に考えており、当面、分散化が進むとも思えない。

そうなると、今後とも中東の原油をいかにスムーズに手に入れるかが、日本のエネルギー政策にとって最も重要な課題だということになろう。

難民支援やパレスチナ援助といった外交政策を思い浮かべる方もいるはずだが、それらは「漢方薬」のようなものであり、時間をかけてジワリジワリと効いてくるという効用しか期待できない。では、中東の不安定な政治状況の中で、日本が安定的に原油を確保するための「現代医薬」とは何か？

まずは新たなパイプラインの敷設が考えられる。

たとえば、「イラク→クウェート→サウジアラビア→カタール→アラブ首長国連邦」というルートを1本でつなぐ。それをオマーンまで運び、日本まで持ってくるというルートを開発するのだ。

このルートであれば、紛争の多いホルムズ海峡を通過する必要がなくなるわけで、安全性を考えると現時点では理想的なルートだといえるだろう。

中国はトルクメニスタンから自国まで実に6500㎞ものパイプラインを引いているが、それに比べると、このルートははるかに距離が短く、現実的なプランである。ＯＤＡでやってもいいし、他国を巻き込み、ビジネスとして実現を図ってもいいだろう。

セキュリティ・システムの輸出という戦略

日本にとって重要な国家の体制のサポートも有効な手段だ。

たとえばサウジアラビア王家の体制維持に一役買うことにより、関係強化を図るのである。具体的には、世界的に評価の高い日本のセキュリティ・システムを輸出するといいだろう。

まずはリヤド、ジッダといったサウジの王族や要人たちが多く住んでいる街中に防犯カメラを設置する。これはいわば日本のお家芸であり、深夜であっても若い女性が一人歩きできるのも、防犯カメラのおかげだといえよう。とくに王族や要人が住む住居の周辺は防犯カメラ網を密に張り巡らせてあげるといい。

その住居には、防犯カメラはもちろん、日本が誇るセキュリティ・システムを完備する。顔認証、指紋認証、カード認証、暗証番号認証といった「出入り管理システム」の導入はもちろん、より精度の高い監視・防犯カメラを設置する。何か異変があれば、当然ガードマンが駆けつけるわけで、その要員も日本から派遣すれば、関係強化により効果的だろう。

綜合警備保障をはじめとした警備会社が腰を上げればすぐにでも実現可能なはずで、政府は補助金を出して、それらの企業をサポートするといいだろう。

中東での「健康ブーム」でチャンス到来？

やがてじわじわ効いてくる「漢方薬的手法」なら、各種のノウハウが考えられる。たとえば、サプリメントの開発だ。

かつての中東地区では、太っていることは富の象徴だと見なす風潮があり、トルコあたりには「バルコニーのない男は、男ではない」という言い伝えもあったほどだ。ちなみにここでいう「バルコニー」とは太鼓腹のことだ。

しかし10年ほど前から、西欧諸国から血圧や血糖値、肥満などと生活習慣病を関連づける情報が流入し、一般人の間でもウォーキングやジョギングがブームとなり、アスレチックジムが方々にできている。テレビでは朝からストレッチの番組がオンエアされていて、ちょっとした健康ブームなのだ。

健康ブームといえば、サプリメントである。

日本ではサプリメントをはじめとした健康食品市場は２兆円産業だとされ、もはや飽和状態とあって、関連企業の中には海外進出の青写真を描いているところもあるはずだ。中東進出は、いまがチャンスだろう。

しかし、日本のサプリメントを中東に売り込むだけでは、単なる「商売」である。原油をスムーズに入手できるために一役買うと発想するのであれば、アラブ・中東地区の企業とタッグを組み、共同開発するところからスタートすべきだろう。

「一緒にやりましょう」

と持ちかけて、相手を巻き込むのである。そうすることで、アラブ・中東の人々は自尊心をくすぐられるはずだ。

この地区にも、昔から「体にいい」とされている食べ物が各種ある。よく知られたところではコーランにも登場するイチジクとオリーブがあるが、そのほかにもサプリメント向きの伝統食品は無数にあるはずだ。

これらは本来なら政府の役割だが、残念ながら日本政府にはアイデアがないし、プレゼン能力も乏しい。そのため、この種の案件を政府主導でやってうまくいったためしがない。あくまでも民間に委託して、政府はサポート役に回るべきだろう。

双方向のネットビジネスに鉱脈あり

ヨックモックという日本の菓子メーカーのクッキー（シガール）がアラブ首長国連邦で飛ぶように売れているそうだ。同社がパートナー企業と組んでアブダビに初出店したのが2012年10月。その後、店舗数が増え、現在は17店目を迎えたというのである。クッキーの価格設定は日本の2・7倍という高価格なのだが、それでもこの売れ行きだということで、業界の注目を集めているようだ。

ヨックモックがなぜ売れているのかは私にもわからないが、原油を見据えて日本と中東の関係を強化するためにも、日本企業はもっと積極的に中東に進出すべきだ。といっても、リスクを考えて進出を躊躇《ちゅうちょ》する企業が多いだろう。

私は、中東に興味を示す人や企業から相談を受けることが多いのだが、その際、「ネットビジネス」をお勧めしている。それも、日本の商品を一方的に販売するのではなく、向こうの商品も日本市場で販売するという双方向性のネットビジネスだ

たとえばサウジアラビアの人や会社と一緒にやるのであれば、「日本・サウジアラビア

交流サイト」とでも名付けた共通のウェブサイトを作り、

「サウジにはこんな優れたものがあるよ。日本の人、買わない？」

「日本にこんな便利なものがあるけど、サウジの人、どう？」

という感じで、情報をエクスチェンジするのである。あるいは、

「サウジにはこんなのない？」

「日本には？」

といった問い合わせコーナーを設けるというのも一つの手だ。

ちなみに最近の中東では女性たちを対象としたウェブサイトが目につき、とくに女性用下着を販売しているサイトが多い。変わったところではコスプレを販売するサイトがヒットしているようだ。

いずれにしろ、資源貧国である日本は原油を中東に頼るしかない。よりスムーズに入手するためには、政府レベルだけでなく、民間レベルでも中東とのパイプの構築を目指すべきだ。

アラブ・中東地域の人々に日本人の印象を聞くと、

「チョコマカ動き回ってるけど、あいつらのことはようわからん」

そう答える人が多い。

続いて、

「日本はどこにあるか知ってる？」

と問いかけると、一部の知識層を除き、正確に答えられる人はほとんどいない。

それが石油を依存している中東世界における日本の現実なである。

「すでに」巻き込まれている日本

この原稿を書いているさなか、チュニジアの博物館をイスラム過激派のテロリストが襲い、日本人３人を含む多くの犠牲者が出る事件が起こった。日本ではほとんど報道されていないが、トルコやエジプトでもテロや武力衝突が起こっている。繰り返し述べたように、次にＩＳなどのイスラム過激派の活動が活発化しそうなのがリビアで、実際にその兆候は表れ始めている。

この先も、中東における混乱は激化することこそあれ、収まることはなさそうだ。

では、それはいつまで続くのか。これは個人的な意見になるが、中東が再分割されるまで続くことになるのではないか、と思っている。

実際、リビアの良質の石油の支配権をめぐる争いは始まったばかりだし、サウジアラビアの大油田地帯であるアルカティーフ地域の独立問題も、これからますます大きくなっていきそうだからだ。

それもこれも、ベースにあるのは「石油」だ。結局、世界は「石油」に動かされているということなのだ。

いま、安値安定を続けている原油価格だが、これがいつまでも続くとは到底思えない。中東は常に不安定要素を抱えていて、ひとたび事が起これば、それが原油価格の急騰を招くし、世界一の産出量を誇るアメリカやサウジアラビアとしては、ロシアやイランとの問題が一段落すれば、ある程度の値に戻したいことは間違いない。

原油のほぼ１００％を輸入に頼り、そのうちの80％以上を中東に依存する日本は、否が応でも、石油をめぐる国際社会の駆け引きに揺さぶられ続けることになるだろう。中東依存を減らしてリスク分散するよりも、安定的な原油確保の道を選んだ日本としては、中東の安定にこれまで以上に人もお金も出さなければならない状況に、いつの間にか追い詰められている。

今後、自衛隊の海外活動の範囲が大幅拡大される見通しだが、その大きな理由の一つが、ペルシャ湾岸を通る原油タンカーの安全確保だ。

イギリスなどの都合で引き起こされたはずのパレスチナの問題も、中東の安定という名目のもと、日本は世界で最も多くパレスチナに援助金を拠出している。

そう考えると、「石油」というフィルターで日本と世界の動きを見直してみたとき、日本を導いている「見えない一本の線」が見えてきたりはしないだろうか。

おわりに――勝手に「導かれない」日本であるために

日常生活に不可欠な石油を確保するために、世界の国々は最大限の努力をしているが、時には恫喝《どうかつ》、策略、内政干渉、さらには戦争といった危険な手法を用いることもある。

というのも、戦略物資である石油は、ラーメンやコーラ、あるいは自動車や工作機械などと違い、お金さえ出せば「はい、どうぞ」と手に入る商品とは根本的に異なる特殊な存在だからだ。

手に入れたとしても、その輸送の過程で強奪されることもある。いま、紅海の周辺海域で世界の海軍が海上輸送の安全を確保するための努力をしているのはそのためだ。

中東から日本への石油タンカーの通り道である東南アジアのマラッカ海峡やロンボク海峡もまたしかり。この海峡には海賊が出没するし、あるいは敵対関係にある国家同士が相手のタンカーの航行を阻止することも懸念されている。

中国はこの懸念からミャンマー経由のパイプラインを引いたし、中央アジアからのエネルギー確保のために6500㎞ものパイプラインを引いている。デフォルトの危機を迎えたロシア経済に救いの手を差し伸べたのも、実はロシアからのエネルギーを確保しようという目論見《もくろみ》によるものだ。

では、日本はどうなのか?

日本も産油国との良好な関係を維持するために、各種友好団体を設立して交流を図っているし、中東の国々から技術研修員を迎え入れたり、留学生に奨学金を出したりと交流のパイプ作りに余念がない。

首相や閣僚たちの中東訪問もその活動の一部である。双方の要人同士が顔つなぎをし、人柄を知ることにより、有事の際の事前準備をしているわけだ。

しかし、それだけではとても十分とはいえないだろう。

「安く、長期にわたって石油を確保できればいい」という考え方だけがまかり通っていて、「石油の入手先を分散して、安全を確保する」という施策がまったく実行されていないのである。政府としては、多少のリスクは覚悟のうえで、入手先の分散化を真剣に検討すべきだろう。

国民各個人にもできることはある。本文中にも触れたように、各個人も、産油諸国の人々との友好関係を築くために、「草の根的に、どんなことができるか」を真剣に考えるべきときにきていると、筆者は思っている。

佐々木良昭

本書の執筆にあたって、次の資料を参考にさせていただきました。

「BBC」「CNN」のインターネットサイト

『アルハヤート』『アッサフィール』『アルアハラーム』『アッシャルクルアウサト』『エジプシャンニューズ』『エルサレムポスト』『インターナショナルヘラルドトリビューン』『ザマン』『プレステレビ』『アッシュルーク』『アルコドス』『ハーアレッ』各紙のインターネット版

『週刊東洋経済』2014年12月20日号、『週刊エコノミスト』2015年2月3日号、『週刊ダイヤモンド』2015年2月7日号、『週刊東洋経済』2015年2月7日号

『革命と独裁のアラブ』佐々木良昭　ダイヤモンド社

『「イスラム」を見れば、3年後の世界がわかる』佐々木良昭　青春出版社

……ほか。

青春新書
INTELLIGENCE

こころ涌き立つ「知」の冒険

いまを生きる

"青春新書"は昭和三一年に──若い日に常にあなたの心の友として、その糧となり実になる多様な知恵が、生きる指標として勇気と力になり、すぐに役立つ──をモットーに創刊された。

そして昭和三八年、新しい時代の気運の中で、新書"プレイブックス"にその役目のバトンを渡した。「人生を自由自在に活動《プレイ》する」のキャッチコピーのもと──すべてのうっ積を吹きとばし、自由闊達な活動力を培養し、勇気と自信を生み出す最も楽しいシリーズ──となった。

いまや、私たちはバブル経済崩壊後の混沌とした価値観のただ中にいる。その価値観は常に未曾有の変貌を見せ、社会は少子高齢化し、地球規模の環境問題等は解決の兆しを見せない。私たちはあらゆる不安と懐疑に対峙している。

本シリーズ"青春新書インテリジェンス"はまさに、この時代の欲求によってプレイブックスから分化・刊行された。それは即ち、「心の中に自らの青春の輝きを失わない旺盛な知力、活力への欲求」に他ならない。応えるべきキャッチコピーは「こころ涌き立つ"知"の冒険」である。

予測のつかない時代にあって、一人ひとりの足元を照らし出すシリーズでありたいと願う。青春出版社は本年創業五〇周年を迎えた。これはひとえに長年に亘る多くの読者の熱いご支持の賜物である。社員一同深く感謝し、より一層世の中に希望と勇気の明るい光を放つ書籍を出版すべく、鋭意志すものである。

平成一七年　　刊行者　小澤源太郎

著者紹介

佐々木良昭〈ささき よしあき〉

1947年岩手県生まれ。拓殖大学商学部卒業後、国立リビア大学神学部、埼玉大学大学院経済科学科修了。アルカバス紙(クウェート)東京特派員、在日リビア大使館渉外担当、拓殖大学教授等を経て、現在は笹川平和財団特別研究員、日本経済団体連合会21世紀政策研究所ビジティング・アナリスト。イスラム諸国に独自の情報網を持つ第一級の中東アナリストとして、マスコミ・講演等で発信を続ける一方、日本の中東政策にも提言をするなど、幅広く活躍中。主な著書に『「イスラム」を見れば、3年後の世界がわかる』(小社刊)、『イスラム教徒への99の大疑問』(プレジデント社)、『革命と独裁のアラブ』(ダイヤモンド社)などがある。

結局《けつきょく》、世界《せかい》は「石油《せきゆ》」で動《うご》いている　青春新書 INTELLIGENCE

2015年5月15日　第1刷

著者　佐《さ》々《さ》木《き》良《よし》昭《あき》

発行者　小澤源太郎

責任編集　株式会社プライム涌光

電話　編集部　03(3203)2850

発行所　東京都新宿区若松町12番1号 〒162-0056　株式会社青春出版社

電話　営業部　03(3207)1916　振替番号　00190-7-98602

印刷・中央精版印刷　製本・ナショナル製本

ISBN978-4-413-04454-7

こころ涌き立つ「知」の冒険！

青春新書
INTELLIGENCE

個人情報そのやり方では守れません	武山知裕	PI·410
名画とあらすじでわかる！旧約聖書	町田俊之［監修］	PI·411
専門医が教える「腸と脳」によく効く食べ方	松生恒夫	PI·412
バカに見えるビジネス語	井上逸兵	PI·413
仕事で差がつく根回し力	菊原智明	PI·414
図説 絵とあらすじでわかる！日本の昔話	徳田和夫［監修］	PI·415
「大増税」緊急対策！消費税・相続税で損しない本	大村大次郎	PI·416
指の腹を使ってシャンプーするのは逆効果！やってはいけない頭髪ケア	板羽忠徳	PI·417
英語リスニング聴き取れないのはワケがある	デイビッド・セイン	PI·418
名画とあらすじでわかる！新約聖書	町田俊之［監修］	PI·419
安売りしない「町の電器屋」さんが繁盛している秘密	跡田直澄	PI·420
その日本語仕事で恥かいてます	福田　健［監修］	PI·421
文法いらずの「単語ラリー」英会話	晴山陽一	PI·422
孤独を怖れない力	工藤公康	PI·423
血管を「ゆるめる」と病気にならない	根来秀行	PI·424
戦国史の謎は「経済」で解ける「桶狭間」は経済戦争だった	武田知弘	PI·425
浮世絵でわかる！江戸っ子の二十四時間	山本博文［監修］	PI·426
痛快！気くばり指南「親父の小言」	小泉吉永	PI·427
なぜ一流ほど歴史を学ぶのか	童門冬二	PI·428
Windows《ウィンドウズ》8.1はそのまま使うな！	リンクアップ	PI·429
比べてわかる！フロイトとアドラーの心理学	和田秀樹	PI·430
名画とあらすじでわかる！美女と悪女の世界史	祝田秀全［監修］	PI·431
「疲れ」がとれないのは糖質が原因だった	溝口　徹	PI·432
私が選んだプロ野球10大「名プレー」	野村克也	PI·433

お願い ページわりの関係からここでは一部の既刊本しか掲載してありません。折り込みの出版案内もご参考にご覧ください。